太阳能光热复合发电技术

Dario Narducci　Peter Bermel
Bruno Lorenzi　Ning Wang
Kazuaki Yazawa　著

陈少平　宫殿清　译
王文先　Ferhat Marhoun　主审

哈爾濱工業大學出版社
HARBIN INSTITUTE OF TECHNOLOGY PRESS

黑版贸审字 08－2022－035 号

内 容 简 介

本书是能源创新领域的重要著作。太阳能光热复合发电技术将热电系统与太阳能光伏和光热发电有机结合起来，实现了能源领域的技术创新。本书详细描写了该技术的起源、组成、机理及未来的发展前景。

本书可作为从事热电技术与太阳能发电技术领域工作的科研人员和工程技术人员的学习用书与参考用书。

图书在版编目（CIP）数据

太阳能光热复合发电技术／（意）纳尔杜奇·达里奥（Dario Narducci）等著；陈少平，宫殿清译．— 哈尔滨：哈尔滨工业大学出版社，2023.9

书名原文：Hybrid and Fully Thermoelectric Solar Harvesting

ISBN 978-7-5767-0098-5

Ⅰ.①太… Ⅱ.①纳…②陈…③宫… Ⅲ.①太阳能发电 Ⅳ.①TM615

中国版本图书馆 CIP 数据核字(2022)第 115296 号

策划编辑　常　雨
责任编辑　马毓聪
封面设计　童越图文
出版发行　哈尔滨工业大学出版社
社　　址　哈尔滨市南岗区复华四道街 10 号　邮编 150006
传　　真　0451－86414749
网　　址　http://hitpress.hit.edu.cn
印　　刷　哈尔滨市颉升高印刷有限公司
开　　本　720mm×1 000mm　1/16　印张 9　字数 186 千字
版　　次　2023 年 9 月第 1 版　2023 年 9 月第 1 次印刷
书　　号　ISBN 978-7-5767-0098-5
定　　价　88.00 元

前　言

热电技术是可以解决能源问题的技术。

19 世纪，Peltier 发现了电致冷效应（也叫 Peltier 效应），在随后几年间利用这种效应制造了便携式温差制冷器。在 20 世纪上半叶，Peltier 效应的逆效应，即热能转换为电能的 Seebeck 效应也得到应用。其中，苏联取得了较为显著的成果。Seebeck 效应主要用于深空探测，因为在深空领域太阳光能太弱，无法用太阳能电池板为航天器提供动力。除苏联之外，美国国家航空航天局（National Aeronautics and Space Administration，NASA）用氧化钚放射性同位素温差发电器（Radioisotope Thermoelectric Generator，RTG）为许多探测器供电，如阿波罗号（连同光伏板）、先锋号、维京号、旅行者号、伽利略号和卡西尼号等，以及最近执行火星探测任务的好奇号。尽管 RTG 的效率较低，但由于其本身没有活动部件，并且具有出色的可靠性和理想的使用寿命，因此在诸多技术方案中脱颖而出。

不过，温差发电器的地面应用仍处于探索阶段。众所周知，制约热电材料和发电组件发电效率的因素是对固体中电子和声子传输的控制，要求尽可能减小声子的平均自由程，同时增加电荷载流子的数量。在最近十年，这一问题通过引入纳米技术得到了部分解决。尽管在非空间应用中效率有限，但温差发电器可以在尺寸很小的情况下不借助运动部件来获取热量，因此可以安装在汽车消声器中。这种设计推动了相当多的基础和应用研究，并且刺激了对新型低成本、储量丰富的热电材料的探索。然而，在《巴黎协定》出台后，汽车行业受 CO_2 排放量限制，汽车上温差发电器出现了严重的成本问题。尽管温差发电器的生产成本可以在汽车的平均使用寿命内收回，但对于客户而言，他们仍需要承担额外成本，这使得温差发电器仅能应用于高端汽车领域。此外，环境政策（在欧洲和美国）的不确定性及电动汽车生产的快速发展（已实现和/或宣布）都降低了人们最初对发展温差发电器的热情。

在物联网（Internet of Things，IoT）中，温差发电器（小型化或完全集成化）可能会是一种前途光明的支持技术。物联网是互联的分布式设备网络，其中嵌入了电子设备、软件、传感器和执行器。物联网设备尽管不一定是无线的，却要求实现物理自治，在数据交换过程中，不插电的设备应该理想地与对应的交换设备无线配对，需要电池为其供能。如果设备维护不便或无法进行维护，温差发电器可以取代电池实现安装后脱离网络节点的目标。在过去的几年中，适用于物联网的温差发电器有了进一步发展，也使其成本问题不再突出。现在的关键问题是如何在较小（有时是非常小）的温差条件下产生足够大的功率密度，块状温差发电器就是一个很好的方案。

如果温差发电器在微量热量收集中（即输出功率约为毫瓦）的应用可以通过物联网从小型应用推广到大规模应用，那么在宏观热量收集中，热电技术也可以通过作为光伏发电的补充发挥作用。1954 年，当 Mária Telkes 发表有关热电太阳能温差发电器的开创性工作结果时，温差发电器的效率（3% ~4%）可与首批光伏电池的效率（4% ~6%）相提并论。但众所周知，在接下来的几年中，光伏发电的效率猛增到两位数，而温差发电直到近期才突破了 10% 的效率阈值，开始参与太阳能发电的竞赛，现在它们是合作伙伴而不是竞争对手。当前，光伏市场以硅面板为主，效率稳定在 20% 左右，但效率超过 40% 的多结点的使用受到成本的限制。此外，光伏发电的电力成本尽管有税收政策和政府激励措施方面的利好，但近 5 年来一直处于平稳状态。这意味着，除非开发出全新的制造技术，否则在未来几十年内，基于硅的光伏产品的资金和电力成本不可能大幅下降。新型光伏材料也已经崭露头角，尽管目前效率较低，但如果扩大生产，其成本有望降低。与硅不同，钙钛矿类材料与热电材料配合可以发挥出显著优势，从而大幅提升太阳能收集器的输出功率。此外，从电力成本、投资周期及投资成本等方面考虑，太阳能光热复合发电都具有可持续发展前景。

关于太阳能光热（光伏 - 热电）复合发电技术的基础研究和应用研究最近获得了快速发展，该领域的论文数量明显增加。自 2006 年以来，该领域论文发表增速仍以每年 46 篇的速度线性增长，仅 2017 年就发表了超过 500 篇（数据来源：Scopus），这表明这一领域仍在加速发展。本书的主要目标是给入门者提供一种自洽、透彻、深入的复合发电技术，最重要的目标读者是愿意进入这一研究领域的有经验的科研人员，包括在热电领域工作却希望掌握光伏基本物理知识的科学家，以及从事光伏科学和技术研究工作又希望了解热电技术的专业人员。除了有关太阳能光热复合发电技术的核心章节之外，本书还提供了有关热电技术和光伏技术的介绍，能够帮助博士研究生了解这两种技术，然后学习太阳能发电的应用。同时，也希望本书能帮助那些希望了解太阳能光热复合发电技术的优势（及局限性）的企业家和公共决策者。尽管本书的所有作者都积极从事这一研究领域的研究，但并没有回避其局限性，正如书中展示的那样，因为这项技术看起来非常好，所以更应该多多留意其短期和中期的发展。

描绘快速发展的领域不是一件容易的事，也不可避免地会出现一些叙述不清楚的地方，本书也不例外。本书不可避免地受作者观点的影响，无法覆盖目前太阳能光热复合发电技术的所有可能方法。如果书中有未提及或未充分介绍的任何其他先进方法，还请谅解。在如此快速发展的领域中，任何想法、线索和策略都会很快过时，因此本书并不想穷举本领域的一切内容，而是针对该主题撰写独立的、简洁的介绍以引起大家的重视，这是对同行的邀请。最后，希望广大读者能够积极提出建议、批评和评论，我们将认真对待，并在再版中体现。

作　者

2021 年 4 月

目　　录

第1章　绪　　论

摘要：本章将通过回顾过去一百年间能源消耗的变化情况，阐明人类利用可再生能源逐步取代化石能源和核能的迫切要求。在可再生能源中，太阳能发电不但最具前景，而且已经在全球电力领域中占据了重要地位。为了进一步提高可再生能源的利用效率并降低其成本，人们不断开拓新的研究方向，其中，光伏模块与额外的热量回收配对方案就是一种提高太阳能转化率的新技术，也是本书中重点分析的实例。

1.1　太阳能发电：光伏发电及其他技术

1.1.1　可再生能源的出现

人类对能源的消耗在过去几个世纪中持续增长。据估计，从文明开始时期到中世纪，人均能源使用量从大约 580 W（主要用于饮食和取暖）增加到 1.3 kW（公元 1400 年左右）。而到了工业革命时期（19 世纪），人均能源使用量显著增长，达到约 3.4 kW[1]。化石燃料消耗的持续增长进一步加剧了人们对能源的需求。直到 20 世纪初，人类利用的能源形式还是丰富多样的。但是，正如 Jorgenson 所指出的[2]，在 1920—1955 年间，人类对于电力的消耗增加了 10 倍以上，而对其他形式能源的消耗只增加了 1 倍。造成这种变化的主要原因包括火力发电效率的提高（在 30 年内几乎增长了 3 倍），以及电力比其他能源更易于传输。目前，发达国家的人均能源使用量为 11 kW，大约是中世纪末的 10 倍。另外，根据全球人口数量并结合人口增长因素，预计世界能源总需求还会进一步增加。总体来说，世界能源总需求量已从文艺复兴时期的 2×10^{10} W 跃升至工业革命时期的 10^{12} W，到目前则超过 10^{13} W。

此外，还有一点也值得注意，虽然全球能源总需求量在过去的 150 年中增长了 10 倍，但世界人口仅从 10 亿增长到 70 亿，这表明人均能源消耗增加了近 1 倍。这一数据令人震惊。这一点可以从欧洲的相关数据中得到证明。欧洲统计人口在过去的 150 年中仅增加了 1.7 倍，而相应的人均能源需求恰好增长了 2 倍。如果这个理论模型是正确的，那么可以预计未来全世界对于电力的需求量应该大于 30 TW。

直到最近几年，化石能源依旧是主要能源。1950 年以前人类所利用的可再生能源仅仅是磨坊使用的风能和水能，以及水力发电产生的电能。大约在 20 世纪中叶,不可再生能源的使用量已经明显达到了难以为继的程度。该结论不仅基于化石能源对生态系统的影响,更重要的是基于化石能源的供应能力[3]。开采深层石油并提炼汽油的成本令人难以接受,地缘政治因素也扰动了能源供应市场,作为全球经济发展杠杆的化石能源,其地域分布不均匀性也影响了区域经济发展水平。

核能(裂变)的应用使能源紧张的态势缓解了近 20 年。许多发达国家都投入了大量的人力物力去建造安全、经济、方便的核电站。然而,这种热情很快就遭到了来自三方面的打击。首先,安全处置核废料增加了核能利用的成本。根据对核电站一个生命周期的分析(Life Cycle Analysis,LCA)(包括对工厂报废时间和安全问题的分析),核能的竞争力远远低于预期[4]。其次,安全问题使得大众普遍抵制核电站的使用,导致核电站的建设停工或为满足更高的安全标准而增加了生产成本。最后,核技术的发展也使人们担心核技术用于军事方面及裂变材料失控。所有这些因素都限制了铀的全球供应,并使得铀的出口不均衡,这些对中国、苏联和澳大利亚的影响尤为深远[5-6]。事实上,新的民用核反应堆到 1984 年就基本停建了[7],直到 2006 年,现有核反应堆通过扩容实现了发电量持续增长,但增长幅度逐年下降[8](图 1.1)。

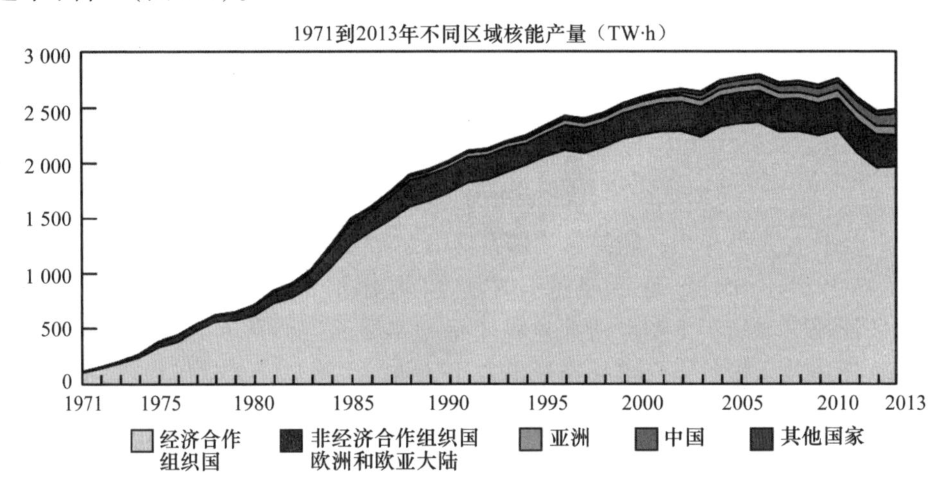

图 1.1　全球范围内 1971 年到 2013 年核能产量(TWh)的历史趋势

(来源于 IEA[9])

在过去 30 年中,得益于人们对分布广、易获取的能源的需求,绿色能源的研究工作得到了极大推动,同时也加快了这些能源进入电力领域的步伐。潮汐能、风能、太阳能及水电站中水势能等开始成为传统火力发电的有力补充。其中,太阳能的转化效率不断刷新,具有可测量和应用广泛的优势,成为可再生能源的标志。

1.1.2　光伏发电的历史

本小节简要回顾光伏电池的历史,包括材料研究、技术创新、经济调节和约束的相互作用,并讨论这一技术的先进性及其在大型分布式电站中的部署方案。更多的技术内容将在第4章中讨论。

众所周知，Becquerel 于1839年首次证明了太阳光能可以转化为电能[10]，而第一块现代意义上的光伏电池则是由 Chapin、Fuller 和 Pearson 于1954年在贝尔实验室发明[11]的。这块电池的基体为单晶硅，转换效率可以达到6%。在此之后，随着硅加工技术的进步，光伏电池的转换效率迅速提高，并在几年内达到约10%。稳定成熟的加工工艺使硅成为制造光伏电池的标准材料。通过直拉法（Czochralski，CZ）制备的高纯单晶硅电池的转换效率超过20%[12]，且服役期间转换效率下降很小（小于10%）。

尽管如此，性能退化仍然是光伏技术中一个亟须解决的问题。在单晶硅电池中，造成电池性能恶化的主要原因是使用过程中电池内部形成了配合物[B_IOI]，进而改变了材料的掺杂分布[13]。采用浮区法生产的无氧单晶硅可以解决这个问题，但该方法生产成本过高，难以推广，目前只在一些高端应用中使用。相比较而言，磁场直拉法（MCZ）具有更高的可行性。据报道，MCZ 法生产的电池转换效率可以达到24.5%[14]，时效之后其性能几乎没有降低。另外，用镓取代硼也可以使电池具有优异的性能，转化效率最高可达20.2%[15]。

虽然块状单晶硅能提高转化效率，但会增加生产成本。为解决成本问题，人们从20世纪70年代开始大力研究多晶硅光伏电池，电池的晶粒尺寸从几毫米到几厘米不等。与单晶硅相比，多晶硅晶界杂质含量高（在晶锭生长过程中由坩埚材料扩散导致），降低了载流子寿命，因此效率较低。然而，采用先进的铸造技术获得的方形晶片（而不是圆形）更容易容纳载流子，因而更适合制造光伏组件。多晶硅电池中较大的有源区域弥补了其固有效率较低的不足，使其输出功率密度完全可以与高成本的单晶硅电池相媲美。此外，用氢气降低阱深等方法适当钝化深阱可以进一步提高转化效率[16-17]。

在单晶和多晶硅电池的基础上，人类从20世纪60年代后期开始研究非晶硅（a－Si）电池，基于抛光 a －Si 的光伏技术早于1981年就已经上市，但20世纪90年代后期人们才真正理解和控制 a －Si。与晶体硅电池相比，基于 a －Si 的光伏电池存在 Staebler－Wronski 效应，不仅效率低，而且在短期时效过程中性能显著变差[18]。目前，a －Si 电池的效率可稳定在13%左右，模块效率为6%～8%。

最近，又有人提出了用其他材料取代硅来制造太阳能电池的方案。目前，最有希望的合金体系有 $Cu(In,Ga)(S,Se)_2$（称为 CIGS）[19]、Cu_2ZnSnS_4（称为 CZTS）[20]及 CdTe。CdTe 作为光伏材料的研究历史悠久。CdTe/CdS 异质结的制备方法如下：首先在玻璃基板上沉积 SnO_2 透明触点，之后在触点顶部生长 CdS 薄层，然后再沉积 CdTe，最后沉积所需的金属连接，使用时将这种电池的玻璃侧面向太阳。据报道，CdTe 基光伏电池的效率约为16%，大面积模块的效率则会降至10%[21]。尽管 CdTe 带隙理想且易于沉积，但是由于采用了有毒金属 Cd 和稀有元素 Te，因此这类光伏电池的成本大大增加。

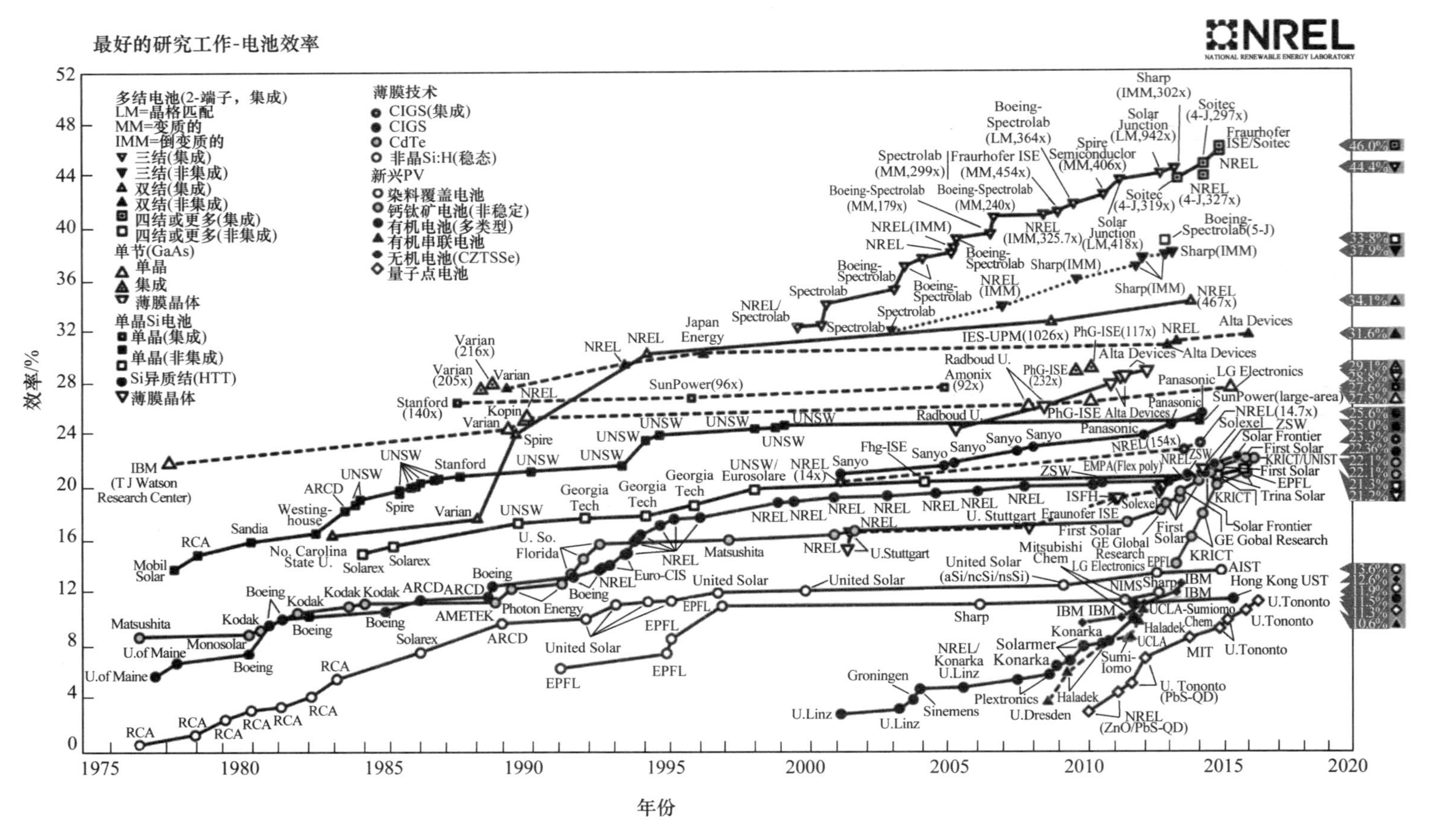

图1.2 光伏电池效率在过去四十年的发展历程

注：图中效率指的是电池的实验室效率（来自NREL[22]），模块效率通常要减小30%~50%。

光伏材料的性能在光伏电池性能方面起主导作用,但其他问题也不容忽视,且在模块上影响会更为显著。例如,材料反射率会影响电池的转换效率,硅电池表面的反射率提高会降低电池的转换效率。通过优化结构设计方案可以解决这一问题。常见的方案是设计减反层或表面纹理化[23],并且通过与底部反射层耦合来提升光捕获能力。除此之外,载流子在涂层外表面的再结合也会降低光转换效率。针对这一问题,通常在涂层正面沉积或生长出一层薄 SiO_2 层,同时在电池背面引入薄的重掺杂 Si 层,从而产生阻止电荷载流子在背面复合的电场。相关实例将在第 4 章讨论。这里需要注意的是,随着技术日益复杂,提高效率的方法层出不穷,直接导致电池和模块的制造工序越来越复杂。因此,在光伏转换效率、生产成本和使用成本之间需要寻找平衡点,从而提升光伏发电技术的可持续性及竞争力。

随着光伏电池的不断推广,新的问题层出不穷。一方面需综合考虑生产成本与使用成本。虽然通过光伏发电能够产生收益,但为了能补偿因安装等问题而产生的固定成本,要求模块的效率不能低于某一值。此外,太阳能电池实际上是封装在模块中的,这既需要力学结构支撑,又需要电线连接,而这些都会随着电池面积的增加而增加,并最终导致光伏发电的生产成本提高[12]。综合考虑上述因素,要想收回成本,除了降低每单位面积的生产成本外,还要求每块光伏模块的最小转换效率不能低于 10%(电池级别转换效率为 12%)。

当前光伏技术的另一个问题是材料的供应和成本问题。不论是并网系统还是独立系统,材料的选择不仅取决于太阳能转换效率,还取决于使用量。以同样面积的 GaAs(直接带隙)和 Si(间接带隙)为例,实现 90% 的光子吸收率只需要 1 μm厚度的 GaAs,但 Si 的厚度却要达到 100 μm。另外,Si 电池对纯度和结晶度要求非常高(因为载流子必须行进相对较长的距离才能到达集电极),也使得 Si 的最小厚度比直接带隙半导体的最小厚度大了两个数量级[12]。另一方面,由于块体电池中材料的实际使用量远高于最低用量,因此想方设法降低非关键材料的成本非常关键。对于硅基电池,使用低质量的 Si 或干脆用异质衬底(即玻璃、陶瓷或石墨)作为基底材料可以解决成本问题,但也带来了新的问题。由于电池在制造过程中会经历一些高温步骤,这可能会导致有害杂质从基底扩散到工作 Si 中,因此必须引入隔离层进行阻隔,这又提高了制造的复杂性。此外,膜的生长通常会产生细晶光伏工作层,而晶界在很大程度上会促使载流子复合,因而降低光伏效率,这就需要额外引入再生长过程,以增大多晶薄膜的晶粒度。

总之,在直接提升光伏转换效率或者通过光伏电池与其他能量转换技术——包括热电技术——结合提高效率方面所做的努力最终促进了太阳能转换效率提升。

1.2 本书的目标

本书的目标是考察光伏模块与温差发电器(Thermoelectric Generators,TEG)或其他电力转换装置配对的方案,以进一步提高太阳能利用率。本书弥补了太阳能发电和温差发电领域的空白。尽管太阳能光热复合发电技术领域发表的论文日益增多,但目前还没有一本书可以帮助光伏专家或热电专家迅速进入这一领域。本书作为科学家和工程师的入门读物,可以填补这一空白,不仅有助于补充必要的专业知识,还有助于了解太阳能光热复合发电技术方面的重要进展。

第2章将专门介绍热电转换方面的物理基础知识,以较大篇幅讨论影响模块效率与可靠性的因素。太阳能温差发电器是第3章的主题,该章将跟随历史的发展,完全从热的角度介绍分析光电转换,描述其优势与已经解决的和亟待解决的技术问题。对光伏发电机感兴趣的读者可以在第4章中找到相关内容,该章将完整介绍光伏电池的物理理论,重点介绍单结电池,也将介绍多结电池、染料敏化太阳能电池及光伏领域的最新发展。

本书的核心内容太阳能光热复合发电技术将在第5章和第6章中讨论。这两章将集中介绍太阳能光热复合发电技术的基本原理、材料问题和当前应用情况,此外还将回顾旨在提高光伏电站转换效率的耦合光伏电池和热电发电器的制造方法,并且与复合发电机中光伏和热电部分进行对比。第7章将讨论复合发电机中的光伏和热电两个阶段及用于生产热水的热动力阶段,还将介绍已经开发和应用的三重热电联产解决方案以及由热动力阶段提供增强散热发电的优势。

第8章将总结包括简介中涉及的所有太阳能发电机相对于其他能源的竞争优势,从经济和技术角度讨论将太阳能光热复合发电技术推向市场所面对的非技术难题,包括影响这些发电装置(纯光伏电池、纯热电电池、复合发电机、光伏-热电-热动力复合发电机)的成本因素(初始成本的可衡量性,当前和潜在的市场规模,生产设施的初始成本,等等)及可预见的技术改进。最后将展望未来几年内太阳能电站扮演的角色。此外还将讨论随着能源市场变化,能源收集设备的发展方向及由此产生的对材料科学的要求。

参考文献

[1] C. S. Mattick, E. Williams, B. R. Allenby, IEEE Tech. Soc. Mag. 29(3), 22 (2010)

[2] D. W. Jorgenson, Energy J. 5(3), 11 (1984). http://www.jstor.org/stable/41321692

[3] R. L. Hirsch, R. Bezdek, R. Wendling, Peaking of world oil production: Impacts,

mitigation, and risk management. Technical Report, (U. S. Department of Energy, Washington D. C., 2005)
[4] International Energy Agency, www.iea.org/statistics
[5] J. Graham, J. Malone, The global nuclear fuel market: Supply and demand 2007 - 2030. Technical Report (World Nuclear Association, London, 2007), p. 112
[6] OECD, Nuclear Energy Agency and the International Atomic Energy Agency, Uranium 2009: Resources, production and demand. Technical Report (OECD Nuclear Energy Agency and the International Atomic Energy Agency, 2010)
[7] U. S. Energy Information Administration, www.eia.gov/beta/international/data/browser
[8] International Atomic Energy Agency, www.iaea.org/PRIS/WorldStatistics/WorldTrendin ElectricalProduction.aspx
[9] International Energy Agency, Key world energy statistics 2015. Technical Report (International Energy Agency, 2015)
[10] A. E. Becquerel, Compte Rend. Acad. Sci. 9, 561 (1839)
[11] D. M. Chapin, C. S. Fuller, G. L. Pearson, J. Appl. Phys. 25(5), 676 (1954)
[12] A. Goetzberger, C. Hebling, H. W. Schock, Mater. Sci. Eng. R Rep. 40(1), 1 (2003)
[13] T. Saitoh, A. Rohatgi, I. Yamasaki, T. Nunoi, H. Sawai, H. Ohtsuka, Y. Yazawa, T. Warabisako, J. Zhao, M. Green, X. Wang, H. Hashigami, T. Abe, T. Igarashi, S. Glunz, W. Wettling, A. Ebong, B. Damiani, in *Technical Digest of the 11th International Photovoltaic Science and Engineering Conference*, (1999), pp. 553 - 556
[14] J. Zhao, A. Wang, M. Green, Prog. Photovolt. Res. Appl. 7(6), 471 (1999)
[15] S. Glunz, J. Lee, S. Rein, in *Conference Record of the IEEE Photovoltaic Specialists Conference* (2000), pp. 201 - 204
[16] B. Sopori, X. Deng, J. Benner, A. Rohatgi, P. Sana, S. Estreicher, Y. Park, M. Roberson, Sol. Energy Mater. Sol. Cells 41 - 42, 159 (1996)
[17] S. Pizzini, M. Acciarri, S. Binetti, D. Cavalcoli, A. Cavallini, D. Chrastina, L. Colombo, E. Grilli, G. Isella, M. Lancin, A. Le Donne, A. Mattoni, K. Peter, B. Pichaud, E. Poliani, M. Rossi, S. Sanguinetti, M. Texier, H. von Kaenel, Mater. Sci. Eng. B Solid - State Mater. Adv. Tech. 134(2 - 3), 118 (2006)

[18] D. Staebler, C. Wronski, Appl. Phys. Lett. 31(4), 292 (1977)
[19] R. Miles, G. Zoppi, I. Forbes, Mater. Today 10(11), 20 (2007). https://doi.org/10.1016/S1369-7021(07)70275-4. https://www.scopus.com/inward/record.uri?eid=2-s2.0-35148818407&doi=10.1016%2fS1369-7021%2807%2970275-4&partnerID=40&md5=8bddd892698518564e17dbc40fc82f6a
[20] M. Suryawanshi, G. Agawane, S. Bhosale, S. Shin, P. Patil, J. Kim, A. Moholkar, Mater. Tech. 28(1-2), 98 (2013). https://doi.org/10.1179/1753555712Y.0000000038. https://www.scopus.com/inward/record.uri?eid=2-s2.0-84868089322&doi=10.1179%2f1753555712Y.0000000038&partnerID=40&md5=37b04f4069456de3da4d2937e76777bf
[21] P. Meyers, S. Albright, Prog. Photovolt. Res. Appl. 8(1), 161 (2000)
[22] National Renewable Energy Laboratory, http://www.nrel.gov/pv/
[23] C.H. Sun, P. Jiang, B. Jiang, Appl. Phys. Lett. 92(6) (2008)

第2章　温差发电器

摘要:本章着重分析温差发电器(TEG)用于能量转化的物理机制。在说明热电转换的线性不可逆的热力学基本理论之后,本章将重点讨论影响 TEG 转化效率的材料因素和组件因素。本章将基于 Ioffe - Altenkirch 公式比较分析常物性条件下的模型在 Dirichlet 和 Neumann 边界条件下的效率,对于大温差情况下的效率,使用 Snyder 提出的兼容性概念和任志峰提出的工程图标准重新分析。此外,本章还会简要介绍作为外可逆和内可逆电机实例的理想 TEG 及亟待解决的瞬态条件下热电效率问题。

2.1　引言

很久之前人们就发现了热电效应,即热流(热流密度)和电流密度与温度场和电场之间存在一定联系。迄今已知的第一位发现热电效应的人是 Alessandro Volta (1745—1827),他在 1794 年首次观察到了金属间温差引起的电压突变。Thomas Johann Seebeck(1770—1831)在 1821 年独立发现了这一现象,他观察到当一条金属链的两端处于不同温度时会产生闭合电流和磁效应,并将这一现象解释为磁热效应。1825 年,Hans Christian Örsted(1777—1851)将电流的出现与温度梯度引起的导体内电荷流动联系起来解释了该现象。随后,Jean Charles Athanase Peltier (1785—1845)在 1834 年解释了该效应的逆效应,即由施加电流引起的导体内热流从低温端传到高温端的热流感应。

上述现象表明,热电效应实际上是一种非平衡态热力学现象,即体系虽处在热力学稳定条件下,却未能通过合适的热力学力保持平衡的现象。因此,基于非平衡态热力学不仅可以描述不同的热电现象,也在线性和非线性条件下全面解释了 Seebeck 效应与 Peltier 效应之间的关联,以及与其他热电效应(Thomson 效应和 Bridgman 效应)的相关性。

本章将严格基于热力学方法,在线性边界条件下对热电学的基础理论进行介绍。目前关于热电物理机理方面的优秀书籍[1-5]和综述[6-13]非常多,本章将重点关注特定热电组件的效率问题,如温差发电组件(Seebeck 发电机将部分热能转化为电能)或者热电冰箱(半导体制冷器)。在总体介绍热电现象的非平衡态热力学机理(2.2 节)之后,本章将采用非平衡态热力学理论计算温差发电的效率。2.3 节将主要计算常物性参数模型在 Dirichlet 和 Neumann 边界条件下的热力学效率,并引入评价材料和设备效率的关键参数,即热电优值(zT)。在 2.4 节的计算中将大量采用常物性近似,同时引入兼容性概念。对于任何内可逆发动机以及温差发电机,都可在零功率条件下优化转换效率。2.5 节将进一步讨论如何估算有限时间效率。对非稳态效率的讨论将在 2.6 节中进行。

2.2 热电学的热力学基础

本节将回顾热电现象中的一些热力学内容。读者可以从 Domenicali 的经典综述论文中找到相关内容[6]。

2.2.1 线性热力学中的热电学

由 Lars Onsager(1903—1976)和 Sybren Ruurds De Groot(1916—1994)提出的非平衡态热力学理论是现代热电理论的主要基础理论。在非平衡态热力学中引入了两个热力学场变量,即热力学力和热力学通量,其中,热力学力是非平衡过程的驱动力,热力学通量是对驱动力的系统响应,这些力和通量都是关于系统中位置的一般函数。

首先考虑能够与环境交换粒子和能量的热力学系统,即开放系统。在这个系统的边界可能有穿过系统的粒子流和能流,令$\boldsymbol{j}_q$为流经系统边界的热流密度(W/m^2),$\boldsymbol{j}_N$为相应的粒子通量($m^{-2}\cdot s^{-1}$),这两个量相互独立。此时,熵流密度也可以定义为

$$\boldsymbol{j}_S \equiv \frac{\boldsymbol{j}_q}{T} \tag{2.1}$$

式中,T是温度,K。

假设只有电子(空穴)可以穿过系统,则总能流密度应为

$$\boldsymbol{j}_E = \boldsymbol{j}_q + \tilde{\mu}_e \boldsymbol{j}_N \tag{2.2}$$

式中,$\tilde{\mu}_e$是电子电化学势。

其他带电粒子(如离子)的影响可忽略,在这里不作考虑。据此,能流包括粒子输运的能量和与环境交换的热量。

当存在温度梯度和/或电化学势梯度时,有两种热力学力,即

$$\boldsymbol{F}_N = \nabla\left(-\frac{\tilde{\mu}_e}{T}\right) \tag{2.3}$$

$$\boldsymbol{F}_E = \nabla\left(\frac{1}{T}\right) \tag{2.4}$$

因此,在线性限度下出现了这样的结果:

$$\begin{bmatrix} \boldsymbol{j}_{N} \\ \boldsymbol{j}_{E} \end{bmatrix} = \boldsymbol{L}' \begin{bmatrix} \nabla\left(-\dfrac{\tilde{\mu}_{e}}{T}\right) \\ \nabla\left(\dfrac{1}{T}\right) \end{bmatrix} \tag{2.5}$$

式(2.2)又可以改写为

$$\begin{bmatrix} \boldsymbol{j}_{N} \\ \boldsymbol{j}_{q} \end{bmatrix} = \boldsymbol{L} \begin{bmatrix} -\dfrac{1}{T}\nabla\tilde{\mu}_{e} \\ \nabla\left(\dfrac{1}{T}\right) \end{bmatrix} \tag{2.6}$$

$\boldsymbol{L}'$和 $\boldsymbol{L}$ 都是包含唯象系数的 2×2 矩阵,反映了力和通量的线性关系。在各向同性系统中,$\boldsymbol{L}'$和 $\boldsymbol{L}$ 中的每个元素都是一个标量。这些关系可以通过简单的形式变换推广到各向异性系统,并导出张量矩阵的元素。

为了解 $\boldsymbol{L}$ 元素的物理意义,对力和通量进行解耦。

在等温系统中$\left(\nabla\left(\dfrac{1}{T}\right)\equiv0\right)$,式(2.6)变为

$$\boldsymbol{j} = e\boldsymbol{j}_{N} = -\frac{e L_{11}}{T}\nabla\tilde{\mu}_{e} \tag{2.7}$$

式中,j 是电荷流密度。

由于 $\tilde{\mu}_{e}=\mu_{e}+eV$(其中 V 表示势能),所以 $-(\nabla\tilde{\mu}_{e})/e=-\nabla V=E$,其中 E 为场强。因此,很容易得到

$$\boldsymbol{j} = \sigma_{T}E \tag{2.8}$$

式中,等温电导率 $\sigma_{T}=e^{2}L_{11}T$。

于是有

$$L_{11} = \frac{\sigma_{T}T}{e^{2}} \tag{2.9}$$

当不存在电流,即 $j=j_{N}=0$ 时,对式(2.6)交替求解。如果是一个开路(Open Circuit,OC),可以立刻得到

$$j_{qoc} = \frac{1}{T^{2}}\cdot\frac{L_{21}L_{12}-L_{11}L_{22}}{L_{11}}\cdot\nabla T \tag{2.10}$$

根据傅里叶定律,可得开路导热系数κ_{oc}:

$$\kappa_{oc} = \frac{1}{T^{2}}\cdot\frac{L_{21}L_{12}-L_{11}L_{22}}{L_{11}} \tag{2.11}$$

相反,在闭路(Closed Circuit,CC)中,热流的约束条件为$\nabla\tilde{\mu}=0$(即该系统不存在稳定电场)。这时热流为

$$j_{qcc} = \frac{L_{22}}{T^{2}}\nabla T \tag{2.12}$$

这样，闭路导热系数κ_{cc}为

$$\kappa_{cc} = \frac{L_{22}}{T^2} \tag{2.13}$$

为了耦合通量和力，再次考虑开路结构(即$j=0$)，则式(2.6)可写为

$$-L_{11}\frac{\nabla\tilde{\mu}_e}{T} + L_{12}\nabla\left(\frac{1}{T}\right) = 0 \tag{2.14}$$

因此，Seebeck 系数α可以定义为

$$-\frac{1}{e}\nabla\tilde{\mu}_e \equiv \alpha\nabla T \tag{2.15}$$

即

$$\alpha\nabla T = E_{oc} \tag{2.16}$$

式中，E_{oc}为开路场强。因此有

$$\alpha = \frac{1}{eT}\frac{L_{12}}{L_{11}} \tag{2.17}$$

所以有

$$L_{12} = \frac{\alpha\sigma_T T^2}{e} \tag{2.18}$$

相反，在等温条件下闭路可以得到

$$j = \frac{eL_{11}}{T}\nabla\tilde{\mu}_e \tag{2.19}$$

和

$$j_q = -\frac{L_{21}}{T}\nabla\tilde{\mu}_e \tag{2.20}$$

所以有

$$j_q = \frac{L_{12}}{eL_{11}}j \tag{2.21}$$

由此得到 Peltier 系数Π，定义为$j_q \equiv \Pi j$:

$$\Pi = \frac{L_{12}}{eL_{11}} \tag{2.22}$$

需要注意的是，这是 Onsager 关系的直接结果。结合式(2.15)得

$$\Pi = \alpha T \tag{2.23}$$

因此有

$$j = ej_N = \sigma_T E - \alpha\sigma_T\nabla T \tag{2.24}$$

$$j_q = \alpha\sigma_T TE - \kappa_{cc}\nabla T \tag{2.25}$$

Seebeck 系数有明确的物理意义。如果引入熵流，利用式(2.1)和式(2.6)可以将熵流密度表示为

$$j_S = \frac{L_{21}}{eTL_{11}} j + \frac{L_{22}}{T} \nabla\left(\frac{1}{T}\right) \tag{2.26}$$

此式显示熵流密度由两项组成:第一项是代替粒子通量的熵流,第二项是标准热分量 j_S。更确切地说,根据粒子传播的熵流 $\frac{L_{21}}{TL_{11}} j_N$ 可以计算出每个粒子的熵贡献为 $\frac{L_{21}}{TL_{11}} = \alpha$。因此,有

$$j_S = \alpha j - \frac{\kappa_{cc} \nabla T}{T} \tag{2.27}$$

因此,Seebeck 系数可以理解为载流子对熵流的(平均)贡献。

根据以上分析还可以得到另外一个结论:闭路和开路导热系数即式(2.11)和式(2.13)可通过 α 和 σ_T 彼此关联,即

$$\kappa_{cc} - \kappa_{oc} = T\alpha^2 \sigma_T \tag{2.28}$$

需要注意的是,如果介质的总导热系数还需考虑 α 和 σ_T 都为零的非带电载能体(NCC)(例如声子)的影响,则用总导热系数 $\kappa_{oc|cc}^{tot} = \kappa_{oc|cc} + \kappa_{NCC}$ 代替相应的每一个导热系数时,前述关系也成立。

现在可以初步得到优化现有 TEG 的转化率所必须满足的条件。如果把 TEG 看作热机,那么要实现转化率最大化,需要高温端到低温端的热流达到最大,同时高温端和低温端之间的温差尽可能大。要实现这两个看似互不相关的条件就需要在实现热流 κ_{cc} 最大化的同时,使 κ_{oc} 最小化。也就是实现 κ_{cc}/κ_{oc} 的最大化。对比式(2.11)和式(2.13)可以得到

$$\frac{\kappa_{cc}}{\kappa_{oc}} = 1 + \frac{\alpha^2 \sigma_T}{\kappa_{oc}} T \tag{2.29}$$

由此很自然地导出了热电优值 zT 的概念,这里

$$z \equiv \frac{\alpha^2 \sigma_T}{\kappa_{oc}} \tag{2.30}$$

需要注意的是分母上的导热系数是开路导热系数(此时 $j = 0$)。

2.2.2 Thomson 效应

严格地说,线性热力学适用于处理唯象系数为常数的问题。但实际上,电导率、Seebeck 系数和 Peltier 系数都是关于温度的函数。Thomson 系数 τ 也可以用 Seebeck 系数随温度的变化来定义[6]:

$$\tau = T \frac{d\alpha}{dT} \tag{2.31}$$

显然,Thomson 系数也与温度有关。

如果电路由单一材料构成,且温度沿电路长度方向变化,则电流流经时会发生热量交换。此时,Thomson 系数可以交替地(且等效地)被引入。由于材料本身

的 Seebeck 系数非零,因此,除了焦耳热,还有 Peltier 热(Thomson 效应)参与了这个热交换。

在分析温差较大的热电发电时,需考虑 Thomson 效应及 Thomson 系数 τ。

2.3 常物性限制下的热电效率

Altenkirch[15]第一个评价了 Dirichlet 边界条件(固定高温端温度)下 TEG 的效率,之后,Ioffe 在他的著名著作 *Semiconductor Thermoelements and Thermoelectric Cooling*[16]中用更严格和常用的方法重新表达了这一公式。本节将用两种不同的方法来推导这个公式:一种是 Altenkirch 和 Ioffe 最初提出的方法;另一种是新方法,这种方法不再对 TEG 的实际几何形状做任何假设。然后,将用微分方程计算热电效率,在 Neumann 边界条件(固定热流)下导出计算公式。

假设材料为均相,两种边界条件下的输运系数都恒定,即导热系数、电导率和 Seebeck 系数与温度无关,该假设称为常物性限制(Constant - Property Limit,CPL)。很明显,所有的结论只有在温差很小的情况下才严格成立,因此,该公式应用时对组件工作部分的实际温差很敏感。

2.3.1 Dirichlet 边界条件

一般来说,组件由 p 型半导体和 n 型半导体配对组成,它们连接在一起形成串联电路,而电路两端则与并行的两个电极相连,最常见的结构是 Π 型结构(图 2.1)。在电路中,每个组件名义上具有相同的温差 $\Delta T_{\mathrm{TEG}} \equiv T_{\mathrm{H}} - T_{\mathrm{C}}$,其中 T_{H}和 T_{C}分别是高温端和低温端的温度($T_{\mathrm{H}} \geqslant T_{\mathrm{C}}$)。每个组件(单腿)产生的热电压彼此相加,得到总热电压 $V_{\mathrm{tot}} = N(|\alpha_{\mathrm{n}}| + |\alpha_{\mathrm{p}}|)\Delta T_{\mathrm{TEG}}$,其中 N 表示结构中有 N 对腿。

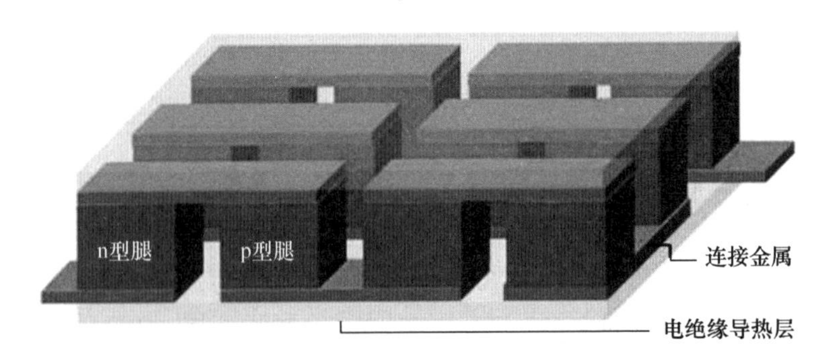

图 2.1　由一系列 p - n 型电路串联的标准 Π 型 TEG

在最常用的 TEG 热电效率评估公式中,假设组件的两个工作热源端温度一定,然后进一步假设每一端的温度等于每条腿相应端部的温度。这相当于忽略了热电材料与电极的界面热阻，以及电绝缘板引起的温度降低。很明显，这种假设过度简化了实际热传输链。即使 Dirichlet CPL(DCPL)模型的简化是合理的，也需要对实际情况详加分析。读者可以在技术类文献中找到更切合实际的 DCPL 模型[1]。

2.3.1.1　Altenkirch – Ioffe 观点

根据 Ioffe 的论证[16]，在热电材料构成的两腿电路(图 2.2)中，腿的长度为 d，截面积分别为 A_1 和 A_2。该电路在一定温差下工作，两端温度分别为 T_H 和 T_C，其中 $T_H > T_C$。设 i 为电路电流，r_1 和 r_2 为腿的电阻率，k_1 和 k_2 为腿的导热系数，R_L 为负载电阻。用冷热连接处的热平衡条件定义以下物理量。

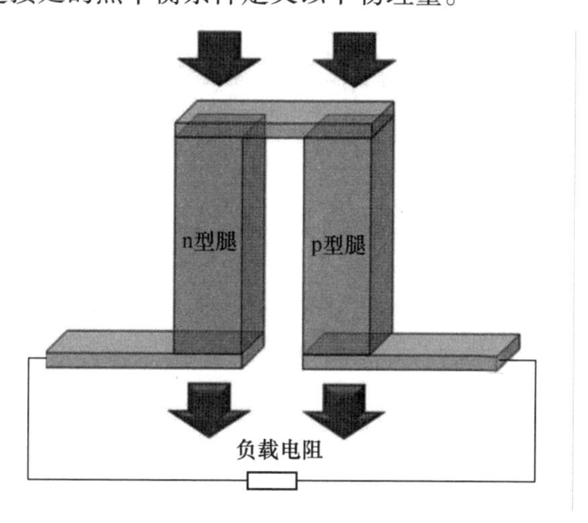

图 2.2　将部分热能转化为电能的 TEG 电路

以传导方式流经腿的热流：

$$\dot{q}_c = (k_1 + k_2)\Delta T_{TEG} \tag{2.32}$$

由电路中的电流引起的 Peltier 加热(制冷)：

$$\begin{cases} \dot{q}_H = i\,\Pi_H = \alpha_H T_H i \\ \dot{q}_C = i\,\Pi_C = \alpha_C T_C i \end{cases} \tag{2.33}$$

式中，下标表示 Peltier 加热(制冷)发生的界面。

因焦耳效应而产生的热电流：

$$\dot{q}_J = i^2(r_1 + r_2) \tag{2.34}$$

在 CPL 中，$\alpha_1(T_C) = \alpha_1(T_H)$，$\alpha_2(T_C) = \alpha_2(T_H)$。单对电路产生的功率 $W = i^2 R_L$，其中通过电路的电流由热电压 $V_{tot} = (|\alpha_1| + |\alpha_2|)\Delta T_{TEG}$ 决定。

因此，规定 $\alpha \equiv |\alpha_1| + |\alpha_2|$，$k \equiv k_1 + k_2$ 且 $r \equiv r_1 + r_2$，可以得到 $i = V_{tot}(R_L + r)$，所以有

$$W = \left(\frac{\alpha \Delta T_{\mathrm{TEG}}}{R_{\mathrm{L}} + r}\right)^2 R_{\mathrm{L}} \tag{2.35}$$

因此，有

$$\phi \equiv \frac{W}{\dot{q}_{\mathrm{H}} + \dot{q}_{\mathrm{C}} - \frac{1}{2}\dot{q}_{\mathrm{J}}} = \frac{T_{\mathrm{H}} - T_{\mathrm{C}}}{T_{\mathrm{H}}} \frac{m/(m+1)}{1 + \frac{kr}{\alpha^2}\frac{m+1}{T_{\mathrm{H}}} - \frac{1}{2}\frac{\Delta T}{T_{\mathrm{H}}(m+1)}} \tag{2.36}$$

式中，$m \equiv R_{\mathrm{L}} r$。

需要注意的是，焦耳热被当作平均分配的两股热流流向两个端部。此外，输入热流还包括由热电材料中电流产生的 Peltier 热。这种热产生在热组件的高温端，增加了高温端提供的热流密度。

实际热力学转换效率 ϕ 必须进行两次优化，以最大限度地减少由直接导热产生的耗散，最大限度地提高输出电力。第一次优化是通过最小化 kr 使 ϕ 最大化，这反过来又意味着对单腿截面优化。用材料电阻率 ρ_1、ρ_2 和导热系数 κ_1、κ_2 表达材料的 kr 值，可以得到

$$\begin{aligned} kr &= \left(\kappa_1 \frac{A_1}{d} + \kappa_2 \frac{A_2}{d}\right)\left(\rho_1 \frac{d}{A_1} + \rho_2 \frac{d}{A_2}\right) \\ &= (\kappa_1 \rho_1 + \kappa_2 \rho_2) + \kappa_1 \rho_2 \frac{A_1}{A_2} + \kappa_2 \rho_1 \frac{A_2}{A_1} \end{aligned} \tag{2.37}$$

设$\frac{A_1}{A_2}$的导数为零，得到

$$\left(\frac{A_1}{A_2}\right)^2 = (\rho_1/\kappa_1)/(\rho_2/\kappa_2) \tag{2.38}$$

所以

$$kr = (\sqrt{\kappa_1 \rho_1} + \sqrt{\kappa_2 \rho_2})^2 \tag{2.39}$$

将式(2.39)代入式(2.36)，容易得到

$$\tilde{\phi} = \eta_{\mathrm{Carnot}} \frac{m/(m+1)}{1 + \frac{m+1}{ZT_{\mathrm{H}}} - \frac{1}{2}\frac{\Delta T}{T_{\mathrm{H}}(m+1)}} \tag{2.40}$$

式中，$\eta_{\mathrm{Carnot}} = (T_{\mathrm{H}} - T_{\mathrm{C}})T_{\mathrm{H}}$，$Z$ 为单腿热电优值。

成对腿的热电优值 Z_{12} 的定义为

$$Z_{12} \equiv \frac{\alpha^2}{kr} = \frac{\alpha^2}{(\sqrt{\kappa_1 \rho_1} + \sqrt{\kappa_2 \rho_2})^2} \tag{2.41}$$

注意：式(2.40)与组件的几何形状无关，所有参数只涉及材料性能。习惯上也可以定义功率因数 PF：

$$\mathrm{PF} \equiv \frac{\alpha^2}{\rho} \tag{2.42}$$

如果 $|\alpha_1| = |\alpha_2|$，$\rho_1 = \rho_2$，且 $\kappa_1 = \kappa_2$，则 Z_{12} 等价于单一材料的热电优值 $z_i \equiv$

$\alpha_i^2(\rho_i\kappa_i)$ [参看式(2.30)],即 $Z_{12}=z_1=z_2$。否则就不可以将 Z_{12} 表示为 z_1 和 z_2 的函数的闭合形式。另外,需要注意的是,如果要明确哪个导热系数(κ_{oc} 或 κ_{cc})可用于计算热电优值,需要在该分析方法的基础上进行更多分析(参见 2.3.1.2 节)。

第二次优化是使 $\tilde{\phi}$(大于 m)获得实际的热电效率。对于任何 TEG 电路,当负载与发电机匹配时(即 $m=1$ 时),输出的功率最大。在本例中为

$$\eta_{w}^{DCPL}=\eta_{Carnot}\frac{1/2}{1+\dfrac{2}{Z_{12}T_H}-\dfrac{\Delta T_{TEG}}{4T_H}} \tag{2.43}$$

相反,通过最大化 $\tilde{\phi}(m)$ 可以得到最大的可能转换效率。利用 $\frac{d\tilde{\phi}(m)}{dm}=0$ 可直接求出 $m=\sqrt{1+Z_{12}\bar{T}}$ (其中 $\bar{T}=(T_H+T_C)/2$),所以

$$\eta_{eff}^{DCPL}=\eta_{Carnot}\frac{\sqrt{1+Z_{12}\bar{T}}-1}{\sqrt{1+Z_{12}\bar{T}}+T_C/T_H} \tag{2.44}$$

值得再次指出的是,当 $r=R$ 且效率 $\eta_{w}^{DCPL}<\eta_{eff}^{DCPL}$ 时,给定 TEG 的输出功率最高。而在给定热流条件下,当负载 $R_L=r\sqrt{1+Z_{12}\bar{T}}$ 时可获得最佳转换效率 η_{eff}^{DCPL}。图 2.3 显示了不同 $Z\bar{T}$ 下设备的 DCPL 效率随 T_H 变化的曲线,其中 T_C 设定为 300 K。众所周知,$\eta_{eff}^{DCPL}\to\eta_{Carnot}$ 代表 $Z_{12}\to\infty$。还要注意,只有在高温端温度比较高和 Z_{12} 值较大时,η_{w}^{DCPL} 和 η_{eff}^{DCPL} 才显著不同。

2.3.1.2　通用证明

Altenkirch – Ioffe 的证明依赖于对 TEG 的几何形状进行一系列假设,更重要的是,导热系数和电导率的性质与 2.2 节中引入的传输系数(σ_T、κ_{oc} 和 κ_{cc})并不完全相同。因此,更恰当的方法或许是用更通用(也可能是更严格)的方式表达式(2.43)和式(2.44)[17,18]。

为此,必须首先重写式(2.24)和式(2.25)。将 E 由式(2.24)代入式(2.25)得到

$$j_q=\alpha Tj+(\alpha^2\sigma_T T-\kappa_{cc})\nabla T \tag{2.45}$$

由式(2.28)有

$$j_q=\alpha Tj-\kappa_{oc}\nabla T \tag{2.46}$$

根据式(2.1)和式(2.46),把热电部分的某一单腿考虑在内,总能流密度式(2.2)为

$$j_E=j_q+\tilde{\mu}_e T\frac{j}{e}=(\alpha Tj-\kappa_{oc}\nabla T)+\tilde{\mu}_e\frac{j}{e} \tag{2.47}$$

下面求总能流密度的散度。根据能量守恒定律,$\nabla\cdot j_E=0$,所以

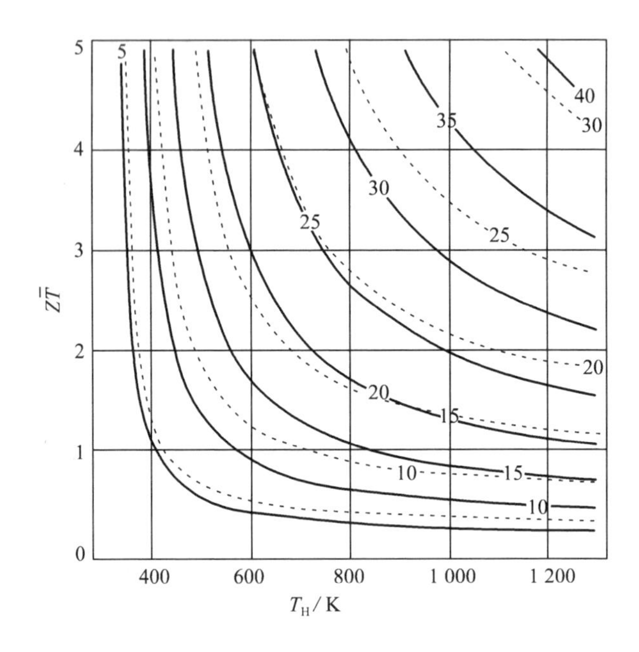

图 2.3　T_C =300 K,不同 $Z\bar{T}$ 下设备的最大转换效率(%)与 T_H之间关系（式(2.44),实线）以及最大输出功率（式(2.43),虚线）

$$j \cdot (\alpha \nabla T + T \nabla \alpha) - \nabla(\kappa_{oc} \nabla T) + \frac{j}{e} \nabla \tilde{\mu}_e T = 0 \tag{2.48}$$

因此,根据式(2.6)、式(2.9)和式(2.18),可得

$$j_N = -\frac{\sigma}{e^2} \nabla \tilde{\mu}_e T - \frac{\alpha \sigma_T}{e} \nabla T \tag{2.49}$$

得

$$\nabla \tilde{\mu}_e = -\frac{e}{\sigma} j - \alpha e \nabla T \tag{2.50}$$

代入式(2.48)并化简得到

$$Tj \cdot \nabla \alpha - \nabla(\kappa_{oc} \nabla T) - \frac{j \cdot j}{\sigma_T} = 0 \tag{2.51}$$

这是 Domenicali 方程的稳态形式[17]。

在 CPL 下,$\nabla \alpha = \nabla \kappa_{oc} = 0$,所以

$$\frac{j \cdot j}{\sigma_T} = -\kappa_{oc} \nabla^2 T \tag{2.52}$$

如果处理的是沿 x 轴排列的一维导体,该式可化为

$$T''(x) = -\frac{j^2}{\sigma_T \kappa_{oc}} \tag{2.53}$$

鉴于所有变量中只有 T 是 x 的函数,可以得到

$$T(x)=-\frac{1}{2}\frac{j^2 l^2}{\sigma_T \kappa_{oc}}\left(\frac{x^2}{l^2}-\frac{x}{l}\right)-\Delta T_{TEG}\frac{x}{l}+T_H \tag{2.54}$$

式中，l 是导体的长度，高温端和低温端分别在 $x=0$ 和 $x=l$ 处。

由热电组件产生的电流密度j_W为

$$j_w=-\int_0^l jE(x)\,dx \tag{2.55}$$

式中，电场强度由式(2.24)得到。

$$E(x)=\frac{j}{\sigma_T}+\alpha T'(x) \tag{2.56}$$

因此，电流密度为

$$j_w=-\frac{j^2}{\sigma_T}l+j\alpha\Delta T_{TEG} \tag{2.57}$$

相应地，式(2.46)提供了热流密度。在一维条件中，

$$j_q(x)=-\kappa_{oc}T'(x)+\alpha jT(x) \tag{2.58}$$

在高温端流入的热量就是

$$j_q\bigg|_{x=0}=\kappa_{oc}\frac{\Delta T_{TEG}}{l}-\frac{1}{2}\frac{j^2 l}{\sigma_T}+\alpha jT_H \tag{2.59}$$

由此，效率可以写成电流密度的函数：

$$\phi_{DCPL}(j)=\frac{j_w}{j_q(j)\bigg|_{x=0}}=\frac{j\alpha\Delta T_{TEG}-j^2 l/\sigma_T}{(\kappa_{oc}\Delta T_{TEG}/l)-\frac{1}{2}(j^2 l/\sigma_T)+\alpha jT_H} \tag{2.60}$$

通过对比式(2.60)和式(2.36)可以得到一些有意义的结果。这种对比有助于理解式(2.60)中出现的关于吸收热的三个术语，即通过热传导传输的热量$\left(\frac{\kappa_{oc}\nabla T_{TEG}}{l}\right)$，在高温端产生的 Peltier 热流($\alpha jT_H$)，以及环路电流产生的半幅焦耳热$\left(\frac{j^2 l}{\sigma_T}\right)$。由于热电功率密度 $j(\alpha\Delta T_{TEG})$的焦耳效应$j^2 l/\sigma_T$，因此非零环路电流会降低有效的输出功率密度，这使得仪表测量的电流值与计算结果不一致。

进一步优化与 j 相关的参数，如效率 $\phi_{DCPL}(j)$或能流$j_w(j)$。在前一种情况下，令$\frac{d\,j_w(j)}{dj}=0$，可得到能流密度为

$$j_{maxw}=\frac{\alpha^2\sigma_T\Delta T_{TEG}^2}{4l} \tag{2.61}$$

及

$$\eta_w^{DCPL}\equiv\phi(j_{maxw})=\frac{2z\Delta T_{TEG}}{8+z(4T_H-\Delta T_{TEG})} \tag{2.62}$$

式中，$z=\frac{\sigma_T\alpha^2}{\kappa_{oc}}$。

通过代数计算可得

$$\eta_{w}^{DCPL} = \eta_{Carnot} \frac{1/2}{1 + \frac{2}{zT_H} - \frac{\Delta T_{TEG}}{4T_H}} \tag{2.63}$$

相反,优化效率 $\phi(j)$ 使得能流密度为

$$j_{max\eta} = \frac{\sigma_T \alpha \Delta T_{TEG}}{lz\bar{T}}(\sqrt{1 + z\bar{T}} - 1) \tag{2.64}$$

此时最大效率为

$$\eta_{max}^{DCPL} = \frac{\Delta T_{TEG}}{T_H} \frac{\sqrt{1 + z\bar{T}} - 1}{\sqrt{1 + z\bar{T}} + T_C/T_H} \tag{2.65}$$

注意:这两个最佳效率都是根据开路导热系数和等温电导率计算出来的。此外,必须通过最大功率传输理论获得适配的电负载 R_L[19]。

2.3.1.3 微分效率

显然,常物性假设是针对有限温差的近似,因此式(2.65)和式(2.62)对于 $\Delta T_{TEG} \to 0$ 是准确的,由此得到无穷小(局部)效率,即

$$\delta\eta_{w}^{DCPL} = \frac{z\mathrm{d}T}{4 + 2zT} \tag{2.66}$$

及

$$\delta\eta_{max}^{DCPL} = \frac{\mathrm{d}T}{T} \frac{\sqrt{1 + zT} - 1}{\sqrt{1 + zT} + 1} \tag{2.67}$$

这一结果将有助于分析温差发电期间在较大温差下的工作情况(2.4 节)。

2.3.2 Neumann 边界条件

通常连接在两个散热器之间的 TEG 的热端温度来源于恒温器注入的热量,冷端热流量由热交换器设定,两端温差不是固定不变的,因此,模拟 TEG 时应采用 Neumann 边界条件。

2.3.2.1 Castro - Happ 论点

有关恒定热流下运行的温差发电组件的研究文献很少。Castro 和 Happ[20] 发表了第一篇相关论文。参考 Altenkirch 和 Ioffe 分析 Dirichlet 边界条件时使用的方案,采用标准 Π 型布局(图 2.1),分析了 Neumann 条件下的效率。在热结 Φ_{tot} 注入的热功率(热流)按照 Altenkirch - Ioffe 方案写成 $\Phi_{tot} = \Phi_C + \Phi_H - \Phi_J/2$,即

$$\Phi_{tot} = \left(\frac{\kappa_1 A_1}{l} + \frac{\kappa_2 A_2}{l}\right)\Delta T_{TEG} + i\alpha T_H - \frac{1}{2}i^2 r \tag{2.68}$$

式中,i 为电流,其他项的定义同式(2.32)至式(2.34)中的一致。输出电功率为

$w = i^2 R_L$，其中 $i = \alpha \Delta T_{TEG}/(R_L + r)$。因此，在式(2.32)至式(2.34)中替换 i 得到

$$\Phi_{tot} = w \frac{2m+1}{2m} + (w/R_L)^{1/2} \left[\frac{\alpha(1+m)}{\tilde{z}} + \alpha T_H \right] \tag{2.69}$$

式中，m 仍然是 r/R_L，而且

$$\tilde{z} = \frac{\alpha^2}{r(\kappa_1 A_1/d + \kappa_2 A_2/d)} \tag{2.70}$$

式(2.69)说明输入热功率密度是输出电功率密度 w 的函数，且可以直接用于求解 W/Φ_{tot} 的最大值。

当 Φ_{tot} 和传输参数值给定时，令 $\mathrm{d}\tilde{z}/\mathrm{d}(A_1/A_2) = 0$，可以在组件尺寸上最大化 $\tilde{z}$，从而实现 Φ_{tot} 的最小化，得到 $A_1 A_2 = \sqrt{(\kappa_2 \sigma_2)(\kappa_1 \sigma_1)}$，且 $\tilde{z} = Z_{12}$。$\tilde{z}$ 取最大值时，输入热流的最小值为

$$\Phi_{tot} = w \frac{2m+1}{2m} + \frac{\alpha}{Z_{12}} (w/R_L)^{1/2} (m + ZT_C + 1) \tag{2.71}$$

由此可通过 $\mathrm{d}w/\mathrm{d}R_L = 0$ 来优化电力输出。由于只有 m 和 w 依赖于 R_L，因此最优 m 满足

$$m^{3/2} - (Z_{12} T_C + 1) m^{1/2} - \frac{Z_{12}}{\alpha} (wr)^{1/2} = 0 \tag{2.72}$$

然而，由于 w 通常为未知，因此可以通过用式(2.71)代替 w 得到一个更合适的等式：

$$(m - Z_{12} T_C - 1)[2m^2 + (1 - 2Z_{12} T_C) m + (Z_{12} T_C + 1)] - \frac{2Z_{12}^2}{\alpha^2} (\Phi_{tot} r) = 0 \tag{2.73}$$

最大效率为

$$\eta_{NCPL} = \max \frac{w}{\dot{q}_{tot}} = \frac{2\bar{M}(\bar{M} - Z_{12} T_H - 1)}{2\bar{M}^2 + (1 - 2Z_{12} T_H)\bar{M} + (1 + Z_{12} T_H)} \tag{2.74}$$

式中，$\bar{M}$ 是式(2.73)的根，相应的电阻为 $R_L = r\bar{M}$。

注意：与 Dirichlet 边界条件情况不同，这里的最大效率与最大输出功率对应的效率一致，因此只需要计算一个最优效率。

式(2.74)可改写为 T_H 的函数。由

$$Z_{12} \Delta T_{TEG} = (\bar{M} + 1)(\bar{M} - Z_{12} T_C - 1) \tag{2.75}$$

通过求解式(2.73)得到 T_C 的解，再代入式(2.75)得到

$$T_H = \frac{1 - 3\bar{M} + \bar{M}\sqrt{4\bar{M}^2 + (2\bar{M} - 1) Y Z_{12}}}{Z_{12}(2\bar{M} - 1)} \tag{2.76}$$

令 $Y\equiv 2\dfrac{\Phi_{tot}l}{\kappa}$，它满足 $\bar{M}=\bar{M}(T_H,Y,Z_{12})$。最后效率为

$$\eta_{NCPL}=\frac{2\bar{M}YZ_{12}}{8\bar{M}^2+(2\bar{M}-1)YZ_{12}+4\bar{M}\sqrt{4\bar{M}^2+(2\bar{M}-1)YZ_{12}}} \tag{2.77}$$

由此可知，Castro – Happ 发动机模型作为一种可逆外部发动机，在达到最高效率时仅考虑了发动机本身的有限热阻，而没有考虑接触热阻。这种局限使得分析过于理想化。实际中接触热阻是不可避免的，并对 TEG 效率起着重要作用。这方面内容将在 2.5 节中详细讨论。尽管如此，Castro – Happ 模型指出功率输出（通过 $\bar{M}$ 和 η_{NCPL}）不仅依赖于模型的物理边界条件（高温端温度 T_H 和输入热功率 Φ_{tot}）和 Z_{12}，而且独立于 Y，即 κ 和 l。尽管 l 经常受到实际条件的约束，但 κ 提供了一个额外的最大化 Neumann 边界条件下效率的手段，但很显然这种方法无法在 Dirichlet 边界条件下使用。图 2.4 显示了不同 Z_{12} 对应的效率随热源温度和 Y 变化关系。值得注意的是，对于任意给定的 T_H，通过增加 Z_{12} 或 Y 可以达到相同的效率，但这一点被忽视了。

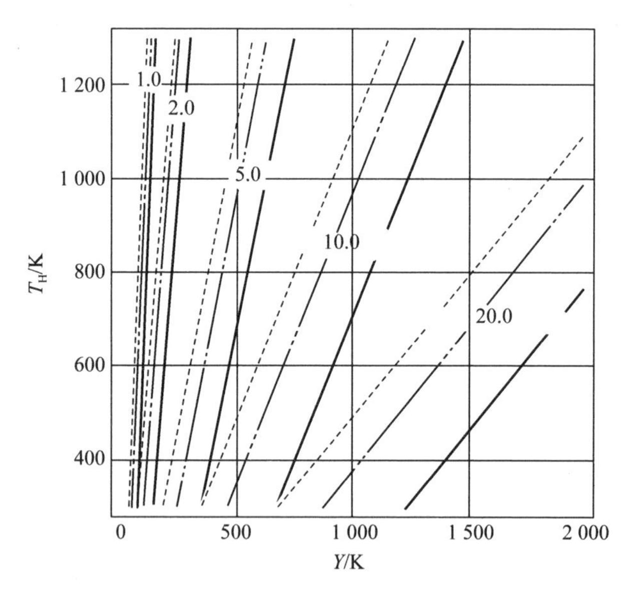

图 2.4　Castro – Happ 效率（%）示意图

（Castro – Happ 效率为热端温度的函数，且 $Y\equiv 2\Phi_{tot}l/\kappa$。直线、点划线和虚线分别指在 $\bar{T}=300$ K 条件下，$Z_{12}\bar{T}$ 为 0.5、1 和 2 时的取值）

2.3.2.2　Yazawa – Shakouri 论点

Yazawa 和 Shakouri[21] 研究了 Neumann 边界条件问题，即如何优化具有接触热

阻且内部有非零电阻和热阻的 TEG 模型的工作效率的问题。这个研究以双(热和电)配对等效电路中的单腿热电组件为对象开展。设单腿热电组件长度为 l,热电优值为 Z(图 2.5),很容易得到功率输出密度为

$$w = \frac{m\sigma\alpha^2}{(1+m)^2 l}(T_H - T_C)^2 \tag{2.78}$$

式中,T_H 和 T_C分别表示单腿两端的温度。

T_a和 T_s分别表示 TEG 表面的低温端和高温端温度,且 $T_a < T_C < T_H < T_s$。温度之间的关系满足

$$\frac{T_H - T_C}{T_s - T_a} = \frac{l}{l + \kappa(\Psi_X + \Psi_Y)} \tag{2.79}$$

式中

$$\begin{cases} \dfrac{\Psi_X}{\Psi_H} = 1 + \dfrac{Z}{2(1+m)^2}[(2m+1)T_H + T_C] \\ \dfrac{\Psi_Y}{\Psi_C} = 1 + \dfrac{Z}{2(1+m)^2}[(2m+1)T_C + T_H] \end{cases} \tag{2.80}$$

式中,Ψ_H和 Ψ_C分别是高温端和低温端的接触热阻。

利用能量守恒定律,可以得到 T_H和 T_C:

$$\begin{cases} \dfrac{\kappa}{l}\Psi_X(T_H - T_C) - (T_s - T_H) = 0 \\ \dfrac{\kappa}{l}\Psi_Y(T_H - T_C) - (T_C - T_a) = 0 \end{cases} \tag{2.81}$$

该方程无法求出解析解,但可以采用拉格朗日乘子法和数值计算方法来求其最大解。可证 $\Psi_H = \Psi_C$时有最优腿长度 $\bar{l}$:

$$\frac{\bar{l}}{\kappa} = 2m\Psi_H \tag{2.82}$$

因为最优 m 的计算结果是 $\bar{m} = \sqrt{1 + Z(T_H + T_C)/2}$,所以得到

$$\frac{T_H - T_C}{T_s - T_a} = \frac{1}{2} \tag{2.83}$$

因此,最高效率为

$$\eta_{max} = \frac{(\bar{m} - 1)(T_H - T_C)}{\bar{m}T_H - T_C} \tag{2.84}$$

虽然此结果只在形式上具有封闭形式,但它提供了 Neumann 边界条件下常物性限制的一个通解。

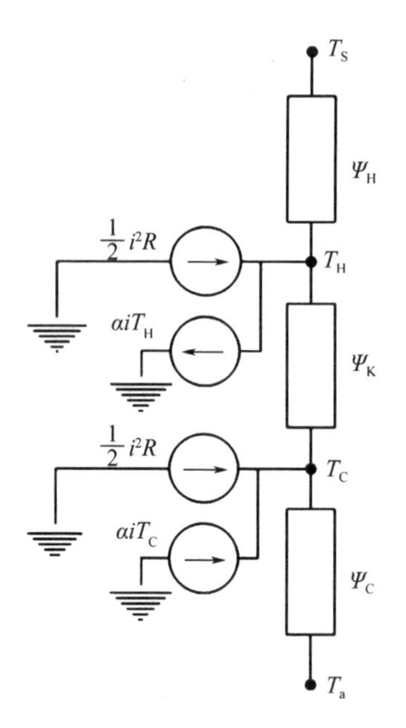

图 2.5　单腿热电组件将热转化为电能的等效电路模型

（注意内部和外部热阻都要考虑在内，改编自[21]）

2.4　大温差时的热电效率

当 TEG 的温差过大或材料的性能参数随温度变化较明显时，上一节的分析只能用于确定实际 TEG 效率的上限。如果充分考虑 σ_T、α 和 κ_{oc} 随温度变化情况，通常只能通过数值方法计算 TEG 效率[22,23]，结合热电兼容性（Compatabiliy）的概念有助于确定 TEG 的选材范围。

兼容性的概念由 Snyder 在 2003 年提出[24,25]，指通过减小流经热电组件的电流获得的最大效率。在沿 x 轴排列的一维系统中，利用式（2.56）和式（2.58），可得

$$\begin{cases} E = \alpha T'(x) - \rho_T j \\ j_q = \alpha T(x) j + \kappa_{oc} T'(x) \end{cases} \tag{2.85}$$

式中，$\rho_T = 1/\sigma_T$。为保证能量守恒，TEG 消耗的电功率（焦耳效应等）取负值。能量守恒要求电能流量 j_w 必须等于净热流量 j_q，因此，如果比电功率（每单位体积热电材料的功率）为 $w = Ej$，那么 $\mathrm{d}j_q/\mathrm{d}x = w$。由式（2.85）可知，电路中不存在电荷积累，即 $\mathrm{d}j/\mathrm{d}x = 0$。注意：这一结果不能简单地表示为 $\nabla j = 0$，因为在本例中 $j = j(T(x))$。

该分析一个关键点是温度是空间坐标的函数。热电组件的温度从高温端到低温端单调下降，因此 $T(x)$ 是可逆的，即 $x = x(T)$ 是单值函数。所以，在稳态条件

下有

$$\frac{\mathrm{d}}{\mathrm{d}x}(\kappa_{oc}T'(x)) = -T(x)\frac{\mathrm{d}\alpha}{\mathrm{d}T}jT'(x) - \rho_T j^2 \tag{2.86}$$

所以有

$$\frac{\mathrm{d}(\alpha T)}{\mathrm{d}x} = T\frac{\mathrm{d}\alpha}{\mathrm{d}T}T'(x) + \alpha T'(x) \tag{2.87}$$

式中,$\alpha = \alpha(x(T), T)$,$\mathrm{d}\alpha/\mathrm{d}T$ 是 α 相对于 T 的全导数。

由此可以定义一个减小了的电流密度:

$$u \equiv \frac{j}{\kappa_{oc}T'(x)} \tag{2.88}$$

用 w 取代 E,代入式(2.85),得到

$$w = \alpha jT' - \rho_T j^2 = \kappa_{oc}(T')^2 u(\alpha - u\rho_T\kappa_{oc}) \tag{2.89}$$

以及

$$j_q = \kappa_{oc}T'(\alpha uT + 1) \tag{2.90}$$

最后,式(2.86)可以改写为

$$\frac{\mathrm{d}u}{\mathrm{d}T} = u^2 T\frac{\mathrm{d}\alpha}{\mathrm{d}T} + u^3\rho_T\kappa_{oc} \tag{2.91}$$

用来衡量无穷小长度 $\mathrm{d}x$ 上产生的功率 $w\mathrm{d}x$ 的无穷小单元效率可以写成

$$\delta\eta = \frac{w\mathrm{d}x}{j_q} = \frac{\mathrm{d}T}{T}\frac{u(\alpha - u\rho_T\kappa_{oc})}{u\alpha + \frac{1}{T}} \tag{2.92}$$

由此可以重新定义$\delta_\eta \equiv \delta_{\eta_C} \times \eta_r$,其中 δ_{η_C}是无穷小单元的卡诺效率。

$$\eta_r = \frac{u(\alpha - u\rho_T\kappa_{oc})}{u\alpha + \frac{1}{T}} = \frac{1 - u\frac{\alpha}{z}}{1 + \frac{1}{u\alpha T}} \tag{2.93}$$

如果式(2.93)中 $u(j)$ 和 α 都非零,则最右边的等式成立。

很明显,η_r 的最大值超过 u。因为式(2.93)中的所有项都取决于 T,所以这个最大值也必然取决于 T。很容易得出当 $u = s$ 时 η_r最大的结论。此时,有

$$s = \frac{\sqrt{1 + zT} - 1}{\alpha T} \approx \frac{z}{2\alpha} \tag{2.94}$$

定义为(热电)兼容性。计算出的最大相对效率为

$$\max_u \eta_r = \frac{\sqrt{1 + zT} - 1}{\sqrt{1 + zT} + 1} \tag{2.95}$$

将式(2.95)与在 CPL 下计算的无穷小单元效率式(2.67)进行比较,最大 u 处的相对效率明显与无穷小温差下得到的效率一致,此时 $u = s$ 总是成立。

应该注意的是,当 u 由式(2.90)确定时,只有在特定的温度下 u 才可以调整为 s(通常通过改变电力负载实现)。因此,热电装置无法在每个点处都优化其局

部效率 $\delta\eta$。然而,TEG 中的电流通常很小,因此实际的局部效率可以保持在最大值 20%之内[25]。相较而言,Peltier 冷却器中的问题则更为重要,因为其中电流要大得多。

2.4.1 热电势

引入热电势 Φ 改写前述方程。设 $\Phi=\alpha T+u^{-1}$[25],很容易得到

$$\Phi = \alpha T+\frac{\kappa_{oc}T'}{j} \tag{2.96}$$

且$j_q=j\Phi$ 和 $E=\Phi'(x)$。因此,有限长度热电组件的效率可表示为

$$\int_{T_C}^{T_H}\eta_r\frac{dT}{T}=\int_{T_C}^{T_H}\frac{w dx}{j_q}=\int_{T_C}^{T_H}\frac{j\,\Phi'(x)dx}{j\Phi}=\int_{T_C}^{T_H}\frac{d\Phi}{\Phi}=\ln\frac{\Phi T_H}{T_C} \tag{2.97}$$

另一种观点是,考虑到腿是一系列无限小的热电组件,可以使用式(2.93)来计算实际效率,因此有

$$1-\eta_{series}=\prod_i(1-\eta_{r,i}) \tag{2.98}$$

利用一点代数运算就可得到

$$\eta_{series}=1-\exp\left(-\int\frac{\eta_r}{T}dT\right) \tag{2.99}$$

此处 $\ln(1-\eta_r)\approx-\eta_r$。

现在比较式(2.97)和式(2.99),可得到

$$\eta_{series}=1-\frac{\Phi(T_C)}{\Phi(T_H)} \tag{2.100}$$

或者利用 Φ 可得到

$$\eta_{series}=1-\frac{\alpha(T_C)T_C+1/u(T_C)}{\alpha(T_H)T_H+1/u(T_H)} \tag{2.101}$$

2.4.2 CPL 效率比较

人们期望在 CPL 下式(2.95)能减小到式 (2.65)。如果所有传输系数都与温度无关,则 u 可以利用式(2.86)求出其解析解:

$$u(T)^{-2}=u(T_C)^{-2}-2(T-T_C)\kappa_{oc}\rho_T \tag{2.102}$$

在前面的等式中已经假设 $T=T_H$。由式(2.101),可以利用自由参数 T_H来实现效率最大化。可得

$$u(T)^{-2}=s(\bar{T})^{-2}+(\bar{T}-T)^2\kappa_{oc}\rho_T+\left(\frac{\Delta T_{TEG}}{2}\kappa_{oc}\rho_T s(\bar{T})\right)^2 \tag{2.103}$$

值得注意的是,即使传输参数与温度无关,u 和 s 仍然是温度的函数。于是有

$$\begin{cases}u(T_C)^{-1}=s(\bar{T})^{-1}+\dfrac{\Delta T_{TEG}}{2}\kappa_{oc}\rho_T s(\bar{T})\\[2ex] u(T_H)^{-1}=s(\bar{T})^{-1}-\dfrac{\Delta T_{TEG}}{2}\kappa_{oc}\rho_T s(\bar{T})\end{cases} \tag{2.104}$$

这样就可以重新得到已知的 CPL 的效率式（2.101），即

$$\eta_{\text{series}}^{\text{CPL}}=\frac{\Delta T_{\text{TEG}}}{T_{\text{H}}}\frac{\sqrt{1+z\bar{T}}-1}{\sqrt{1+z\bar{T}}+T_{\text{C}}/T_{\text{H}}}\tag{2.105}$$

2.4.3　兼容性和效率

从前面的分析可以明显看出，s 依赖于温度 T。而据式(2.86)，u 独立于温度 T，因此在较大温差下运行的 TEG 很难使全部部件同时以最高效率工作。假使在 CPL 下该系列的每一部分都能以最优效率运行（即一条腿可以由无穷小梯度材料制成，且在每一点处满足 $u=s$ 条件的同时始终保持 z 恒定），由式(2.99)得

$$\begin{aligned}\eta_{\text{series}}^{*}&=1-\exp\left(-\int_{T_{\text{C}}}^{T_{\text{H}}}\frac{\sqrt{1+zT}-1}{\sqrt{1+zT}+1}\frac{\mathrm{d}T}{T}\right)\\&=1-\left(\frac{1+\sqrt{1+zT_{\text{C}}}}{1+\sqrt{1+zT_{\text{H}}}}\right)^{2}\exp\left[\frac{2(\sqrt{1+zT_{\text{H}}}-\sqrt{1+zT_{\text{C}}})}{(1+\sqrt{1+zT_{\text{C}}})(1+\sqrt{1+zT_{\text{H}}})}\right]\end{aligned}\tag{2.106}$$

例如，若 $z=3\times10^{-3}\,\text{K}^{-1}$，$T_{\text{C}}=300\ \text{K}$，$T_{\text{H}}=1\ 000\ \text{K}$，可得 $\eta_{\text{series}}^{\text{CPL}}=24.90\%$ 与 $\eta_{\text{series}}^{*}=25.18\%$。

在实际情况下，梯度热电腿近似于这种情况。梯度热电腿是由两种或两种以上的材料串联得到的，每一段材料均处于其最佳工作温度范围内，以实现最大效率。然而，根据材料的热电优值来选择材料也许并不是最好的方案。相反，应该选择能在接近相关 s 的 u 下工作的材料。图 2.6 显示了三种假想热电材料的 η_{r}，它表明虽然可以通过对 u 的合理搭配实现组合 A 和 B 的高效率，但是对组合 A 和 C（或 B 和 C）将导致其中一段的大部分出现次优 η_{r} 值，并严重影响到串联效率。原则上，由于 s 依赖于温度，因此单个材料腿可能会遇到兼容性问题。这意味着在腿所跨的整个温度范围内，不能实现足够接近 $s(T)$ 的 u 值。这种自兼容性问题出现在梯度热电材料中，但在均质热电材料中并不常见。

2.4.4　工程优值

引入工程优值 $(ZT)_{\text{eng}}$ 和功率因数是另一种分析大温差效率的方法[26]。放弃传输系数与温度无关的假设，均质热电腿的（非优化）效率[参见式(2.36)]为

$$\phi=\frac{V_{\text{oc}}^{2}}{R}\frac{m/(1+m)^{2}}{(A/d)\int_{T_{\text{C}}}^{T_{\text{H}}}\kappa(T)\,\mathrm{d}T+iT_{\text{H}}\alpha(T_{\text{H}})-i^{2}R/2}\tag{2.107}$$

式中，腿的电阻 $R=\left(\frac{d}{A}\right)\Delta T_{\text{TEG}}^{-1}\int_{T_{\text{C}}}^{T_{\text{H}}}\rho(T)\,\mathrm{d}T$，且 $V_{\text{oc}}=\int_{T_{\text{C}}}^{T_{\text{H}}}\alpha(T)\,\mathrm{d}T$。优化后的 m 为

$$m_{\text{opt}}=\sqrt{1+(ZT)_{\text{eng}}\left(\frac{\hat{\alpha}}{\eta_{\text{Carnot}}}-\frac{1}{2}\right)}\tag{2.108}$$

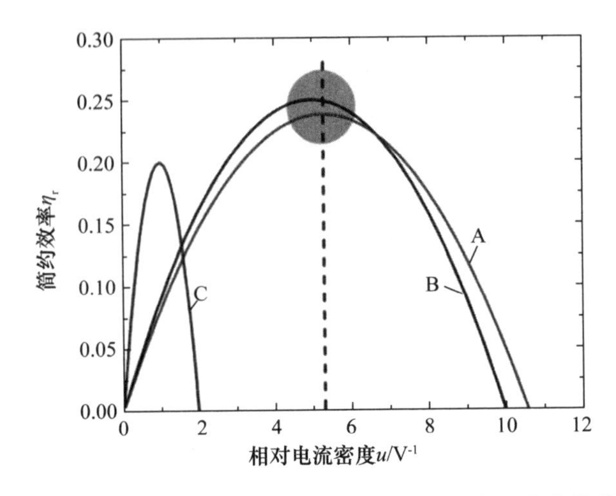

图 2.6　三种假想热电材料的简约效率和相对电流密度的关系

（注意 A 和 B 材料是如何兼容的，即可以设置一个 u 值，使这两种材料的效率都接近它们的最大值。相反，没有 u 可以使 A 和 C（或 B 和 C）有效地串联（相同的 u）。因此，全部腿的转化率将低于单一部分腿的转化率）

式中，α 是 Thomson 效应的无量纲强度因子。

$$\hat{\alpha} = \frac{\alpha(T_H)\Delta T_{TEG}}{\int_{T_C}^{T_H}\alpha(T)\,dT} \tag{2.109}$$

引入工程优值：

$$(ZT)_{eng} \equiv Z_{eng}\Delta T = \frac{\left(\int_{T_C}^{T_H}\alpha(T)\,dT\right)^2}{\left(\int_{T_C}^{T_H}\kappa(T)\,dT\right)\left(\int_{T_C}^{T_H}\rho(T)\,dT\right)}\Delta T \tag{2.110}$$

对效率优化可得

$$\eta_{max} = \eta_{Carnot}\frac{\sqrt{1+(ZT)_{eng}\left(\frac{\hat{\alpha}}{\eta_{Carnot}}-\frac{1}{2}\right)}-1}{\hat{\alpha}\left(\sqrt{1+(ZT)_{eng}\left(\frac{\hat{\alpha}}{\eta_{Carnot}}-\frac{1}{2}\right)}+1\right)-\eta_{Carnot}} \tag{2.111}$$

而最大功率输出的效率为

$$\eta_w = \eta_{Carnot}\frac{1}{\frac{4\,\eta_{Carnot}}{(ZT)_{eng}}+2\hat{\alpha}-\frac{1}{2}\eta_{Carnot}} \tag{2.112}$$

注意：对于 $Z_{eng}=Z$ 和 $\hat{\alpha}=1$，两种效率都降低到它们的 CPL。

式（2.111）和式（2.112）能够对大温差下工作的热电材料的实际效率进行实用而简单的评估，从而节省数值计算的时间。但是，如果忽略式（2.107）中的

Thomson 效应,计算得到的实际效率偏大。如果额外运用一些复杂的代数运算同样可以获得较准确的表达式,同时也考虑了 Thomson 热 $\tau(T)$ 的影响。最大效率为

$$\eta_{\max} = \eta_{\text{Carnot}} \frac{\sqrt{1 + (ZT)_{\text{eng}} \alpha_1 \eta_{\text{Carnot}}^{-1}} - 1}{\alpha_0 \sqrt{1 + (ZT)_{\text{eng}} \alpha_1 \eta_{\text{Carnot}}^{-1}} + \alpha_2} \tag{2.113}$$

而且

$$\alpha_i = \hat{\alpha} - \frac{\int_{T_C}^{T_H} \tau(T)\,\mathrm{d}T}{\int_{T_C}^{T_H} \alpha(T)\,\mathrm{d}T} W_T \eta_{\text{Carnot}} - i W_J \eta_{\text{Carnot}} \tag{2.114}$$

式中

$$W_J = \frac{\int_{T_C}^{T_H} \left(\int_{T}^{T_H} \rho(T')\,\mathrm{d}T' \right) \mathrm{d}T}{\Delta T_{\text{TEG}} \int_{T_C}^{T_H} \rho(T)\,\mathrm{d}T} \tag{2.115}$$

并且

$$W_T = \frac{\int_{T_C}^{T_H} \left(\int_{T}^{T_H} \tau(T')\,\mathrm{d}T' \right) \mathrm{d}T}{\Delta T_{\text{TEG}} \int_{T_C}^{T_H} \tau(T)\,\mathrm{d}T} \tag{2.116}$$

2.5　有限速率热电效率

2.5.1　有限速率热机的效率

讨论 TEG 作为热机的效率上限是有意义的。在 CPL 下,当 $Z \to \infty$ 时,Dirichlet 边界条件下具有众所周知的上限,为 $\eta_{\text{DCPL}} = \eta_C$。这简单地证实了 Dirichlet TEG 的极限效率等于卡诺热机的极限效率,而卡诺热机是具有最大可能效率的热发动机。然而,作为完全可逆的发动机,要实现做功的零功率损耗,卡诺热机需要无限长的时间来完成一个循环。

热转换中一个更具挑战性的问题是如何计算最大功率下可以达到的最大效率。有限功率意味着热量是在一个部分不可逆的循环中以有限的速率转换。最大功率输出的效率计算困扰了科学家很久。Novikov 可能是第一位尝试计算在有限速率条件下最大效率的人[27]。当时他试图解决核电站输出功率最大化的问题。但影响较大的是由 Curzon 和 Ahlborn[28] 撰写的论文。他们在 1990 年独立地重新计算了相同的上限,即所谓的 Curzon - Ahlborn 效率 η_{CA},表示为

$$\eta_{CA} = 1 - \sqrt{\frac{T_C}{T_H}} \tag{2.117}$$

式中，T_C和 T_H 是两个恒温器的温度。

由于缺乏证据,因此式(2.117)并未完成对有限速率效率的研究。实际上，Novikov 与 Curzon 和 Ahlborn 的论文只是部分地涵盖了整套可能存在有限速率的热发动机。正如 Apertet 等人最近指出的那样[29],发动机中两恒温器间产生不可逆性的机理可能有两个,外部不可逆可能是因为恒温器和发动机本身之间存在温差,内部不可逆则是因为在发动机内发生不可逆的绝热变换。在前一种情况下，发动机被命名为内可逆,其不可逆性是由存在非零的接触热导导致的。相反,在后一种情况下,发动机被命名为外可逆,其不可逆性是由内部摩擦导致的。在这两种情况下,不可逆性都保证了非零功率输入,因此保证了非零功率输出。图 2.7 展示了两种发动机以及卡诺发动机和一般发动机(完全不可逆发动机)的熵温曲线图。

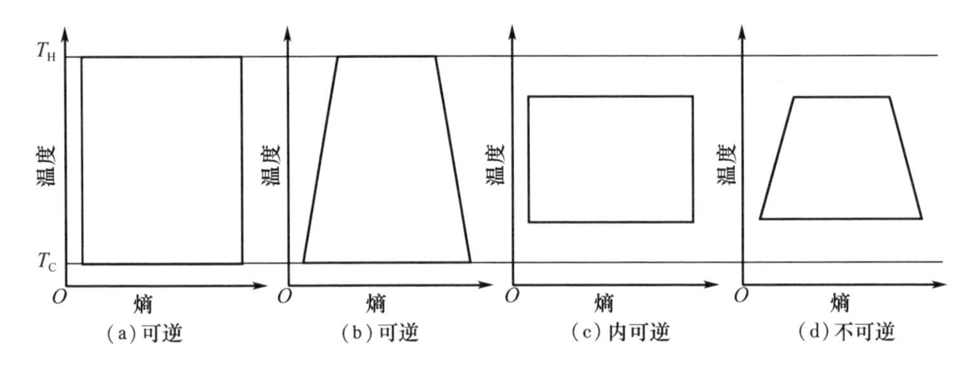

图 2.7　热力发动机的熵温曲线图

在四类发动机中,Curzon - Ahlborn 效率仅描述了内可逆情况,因此不能认为式(2.117)描述了理想发动机在最大功率输出下运行的一般形式。

Van den Broeck[30] 利用最初由 Kedem 和 Caplan 提出的唯象系数 L_{ij}(参见 2.2.1小节)中的耦合度 λ 概念[31]对 TEG 进行了更为普遍的论证:

$$\lambda = \frac{L_{12}}{\sqrt{L_{11} L_{12}}}, -1 \leqslant \lambda \leqslant +1 \tag{2.118}$$

式中,L 是通过热力学力 F_1 及温差 F_2 驱动的两个线性耦合流,$F_1 = F/T$,其中 F 是外力(电场、机械或化学),$F_2 = T_C^{-1} - T_H^{-1}$。结果证明,效率的上限是

$$\eta'_B = \frac{1}{2} \eta_C \frac{\lambda^2}{2 - \lambda^2} \tag{2.119}$$

推广到级联热发动机,可以将式(2.119)扩展到任意不为零的小温差,可以证明

$$\eta_B = 1 - \left(\frac{T_C}{T_H}\right)^{\frac{p}{2}}, p = \frac{\lambda^2}{2 - \lambda^2} \tag{2.120}$$

式(2.120)给出了$\lambda^2 \to 1$ 时 Curzon－Ahlborn 的极限,即强耦合极限。但对于较低的$|\lambda|$,效率也会降低。利用另外的方法,Schmiedl 和 Seifert[32]在线性热力学框架下研究了循环布朗热机,得到了另一个有限速率下的效率方程,即

$$\eta_{SS} = \frac{\eta_C}{2 - \beta \eta_C} \tag{2.121}$$

式中,β 最终取决于恒温器的温度。值得注意的是,虽然当$\beta = 1/(1+\sqrt{T_C/T_H})$时$\eta_{SS} = \eta_{CA}$,但$\eta_{SS}$仍可能大于$\eta_{CA}$。这个结果可能是因为之前提到的$\eta_{CA}$确定了内可逆发动机的上限。在可逆发动机(以及存在内部和外部不可逆性的发动机)中,摩擦将功转换为热,可能(但不一定)会减少输入发动机的净热量。因为是输入较低而非输出较大,所以其效率可能超过 Curzon－Ahlborn 极限[29]。总之,预计以有限速率运行的发动机可达到最大输出的效率明显低于卡诺效率。对于在室温到 600 K 之间运行的发电机,卡诺效率计算值为 50%,而$\eta_{CA} = 29\%$。实际上,因为存在非零接触和内部热阻,TEG 通常是完全不可逆发动机,因此其效率的上限应该用 Schmiedl－Seiffert 效率,而不是卡诺效率。

2.5.2　温差发电器的应用

虽然一直用不可逆热力学理论解释热电现象,但目前还没有一个完整的模型可以说明 TEG 在有限速率条件下的效率问题。

Castro－Happ 效率模型模拟了一个外可逆的 TEG,但它完全忽略了任何接触热阻。然而,值得注意的是,它的极限效率($Z \to \infty$ 时)趋近于η_{CA}。借助一些代数手段,得到η_{NCPL}在 Z 附近的渐近展开式:

$$\eta_{NCPL} \sim 2\alpha \sqrt{\frac{T_C}{Z \Phi_{tot} r}} \tag{2.122}$$

式中

$$T_H \sim \frac{\sqrt{Z T_C \Phi_{tot} r}}{\alpha} \tag{2.123}$$

因此有

$$\eta_{NCPL} \sim 1 - \frac{1}{2} \frac{T_C}{T_H} \tag{2.124}$$

这里,η_{CA}近似处于$(T_C - T_H)/T_H$最低阶。注意:这种结果不一定符合预期,因为 Curzon－Ahlborn 极限仅满足外部可逆发动机中特定的β值。

相反,当 TEG 的热流交换是通过高温端和低温端的接触热阻K_H和K_C进行时,效率将始终等于 Curzon－Ahlborn 上限。在内可逆 TEG 模型中,忽略内部(腿)热阻,可以验证功率输出为[33]

$$W = \frac{K_C K_H T_H \eta(\eta_C - \eta)}{(K_C + K_H)(1 - \eta)} \tag{2.125}$$

因此,如果通过 η 实现 W 的最大化,可以容易地求得 $\eta=\eta_{CA}$。

有意思的是,利用 Yazawa - Shakouri 理论也可以获得相同的极限效率。这一模型考虑了接触热阻和内部热阻,因此可以作为分析 TEG 效率的最接近真实情况的例子,其中有限速率由内部摩擦和有限的接触热导产生。同样在这种情况下,当 $Z\to\infty$ 时,η 趋近于 $1-\sqrt{T_C/T_H}$。这也证明 η_{CA}应该是任何功率非零的 TEG 的上限[21]。

2.6 非稳态条件下的热电效率

实际情况中,TEG 在非稳态条件下运行,即高温端和低温端的温度和/或热流会随时间变化。在准静态条件下,这对转换效率几乎没有影响。然而,凭直觉可知必然存在一些阈值频率,在该阈值频率之上,边界条件的快速变化可能会影响 TEG 效率。

对于这一普遍问题,目前还没有完整的含时热电转换理论。在非稳态条件下,热方程为

$$\delta c\frac{\partial T}{\partial t}+\nabla\cdot\boldsymbol{j}_q=\boldsymbol{\varepsilon}\cdot\boldsymbol{j} \tag{2.126}$$

式中,δ 是质量密度,c 是每单位质量的比热。因此,利用式(2.56)、式(2.58)和式(2.31)可以得到

$$c\delta\frac{\partial T}{\partial t}=\nabla\cdot(\kappa_{oc}\nabla T)+\frac{\boldsymbol{j}\cdot\boldsymbol{j}}{\sigma_T}-\tau\boldsymbol{j}\cdot\nabla T-T\boldsymbol{j}\cdot(\nabla\alpha)_T \tag{2.127}$$

式中,$(\nabla\alpha)_T$是等温条件下 Seebeck 系数的梯度。

对比式(2.127)与式(2.51)可以发现,在含时问题中效率对热容量 $c\delta$ 具有依赖性,它们也指出了在非平稳条件下热电腿内可能存在热量累积。此外,$\boldsymbol{j}$ 是界面温度的函,不再是独立变量,因此,式(2.127)为非线性偏微分方程。

第一个尝试分析非稳态问题的可能是 Gray。他分析了含时 Dirichlet 条件下小信号动态行为[35],但线性化方法导出的表达式非常复杂。如果忽略 Thomson 效应并且假设腿部导热系数彼此相等,表达式会略有简化。研究发现,设备固有频率的奇异性决定了组件的动态特性。具体地说,适当调节热电腿和材料的传输特性可以控制组件的响应时间,使其更接近静态效率和功率输出。

最近,Apostol 和 Nedelcu 等人重新考虑了这个问题,他们充分利用了使用热脉冲和电荷脉的优势提高功率输出。结果表明,在循环、非稳态、瞬态条件下,热扩散效应减弱,电力输出高于稳态传输。这主要是因为脉冲模式将电荷载流子集中在小空间范围内,同时不再严格要求材料具有低导热系数[36]。

近年来,虽然热电制冷器(Peltier)的研究取得了一些进展[37,38],但是在非稳态条件下运行的温差发电器的理论分析却相对滞后,这促进了使用数值模拟和实

验相结合验证脉冲或任何含时热流对 TEG 效率的影响的研究。其中最值得注意是 Stockholm 等人报道的一种用有限时间热力学方法描述 TEG 向工作中的(自适应)电负载提供电力的例子[39],这与 García - Cañadas 和 Min[40]进行的阻抗谱实验非常吻合。这里通过引入不同占空比的工作循环来代替连续热流,最终得到了 TEG 模块的转换热流,效率增加超过 300%[41]。这种效率提升可以用平均 ΔT_{TEG} 的增加定性解释。数值模拟还证实了应用周期性温度曲线可能会增加效率(和平均输出功率),尽管这一增幅只有大约 10%。值得注意的是,数值分析表明这种增加也依赖于 $T_H(\omega)$ 与 $T_C(\omega)$ 之间的相位移[42]。

还有一个值得强调的问题是关于非稳态下的热电转换,该问题与含频率的 Seebeck 系数本身相关。经过充分评估后,在这个问题上构造出的热电动力学理论已经形成了框架[43]。然而,因为涉及凝聚相的微观动力学,即对温度行波和/或交变电场的电子响应,所以这是一个完全不同的问题。典型的响应时间在更高的频率时下降,而这个频率可能很难通过随机波动的宏观散热器实现。

2.7　本章小结

本章回顾了影响 TEG 转换效率的物理理论,重点讨论了材料特性和设备运行环境。虽然 Ioffe - Altenkirch 公式常用于材料评估和组件模拟,但研究证明,即使在恒定材料性能限制(在小温差下工作)条件下,TEG 的转换效率在很大程度上仍取决于运行环境。对在恒温热源之间工作的 TEG(Dirichlet 边界条件)的优化不同于对可变低温端温度的 TEG (Neumann 边界条件)的优化,这对于正确设计和估计复合太阳能转换器的性能特别重要。

在大温差下工作的集热器需要重新考虑热电效率。热电兼容性和工程性能指标为设计 TEG 并计算实际效率提供了准确的方法。虽然标准的热电 - 光伏太阳能复合转换器的温差足以使 CPL 成为合理的近似值,但最近提出的光学和/或集热器方案可以使该类系统中 TEG 上的温降超过 100 K[44],该方案更适合使用非 CPL 分析。

参考文献

[1] D. Rowe, *CRC Handbook of Thermoelectrics* (CRC Press, Boca Raton, 1995)

[2] H. Goldsmid, *Introduction to Thermoelectricity*, Springer Series in Materials Science (Springer, Berlin, 2009)

[3] V. Zlatić, R. Monnier, *Modern Theory of Thermoelectricity* (Oxford University Press, Oxford, 2014)

[4] K. Behnia, *Fundamentals of Thermoelectricity* (Oxford University Press, Oxford,

2015)
[5]C. Goupil, *Continuum Theory and Modeling of Thermoelectric Elements* (Wiley, Weinheim, 2016)
[6]C. A. Domenicali, Rev. Mod. Phys. 26, 237 (1954)
[7]G. J. Snyder, E. S. Toberer, Nat. Mater. 7(2), 105 (2008)
[8]A. J. Minnich, M. S. Dresselhaus, Z. F. Ren, G. Chen, Energy Environ. Sci. 2, 466 (2009)
[9]M. G. Kanatzidis, Chem. Mater. 22(3), 648 (2010)
[10]A. Shakouri, Annu. Rev. Mater. Res. 41, 399 (2011)
[11]L. D. Zhao, V. P. Dravid, M. G. Kanatzidis, Energy Environ. Sci. 7, 251 (2014)
[12]G. Tan, L. D. Zhao, M. G. Kanatzidis, Chem. Rev. 116(19), 12123 (2016)
[13]W. G. Zeier, A. Zevalkink, Z. M. Gibbs, G. Hautier, M. G. Kanatzidis, G. J. Snyder, Angewandte Chemie – International Edition 55(24), 6826 (2016)
[14]K. Zabrocki, C. Goupil, H. Ouerdane, Y. Apertet, W. Seifert, E. Mller, in *Continuum Theory and Modeling of Thermoelectric Elements*, ed. by C. Goupil (Wiley, Weinheim, 2016), pp. 75 – 156. Chap. 2
[15]E. Altenkirch, Phys. Z. 10, 560 (1909)
[16]A. Ioffe, *Semiconductor Thermoelements and Thermoelectric Cooling* (Infosearch Ltd., London, 1957)
[17]C. A. Domenicali, Phys. Rev. 92, 877 (1953)
[18]C. A. Domenicali, J. Appl. Phys. 25(10), 1310 (1954)
[19]H. Jackson, D. Temple, B. Kelly, *Introduction to Electric Circuits* (Oxford University Press, Oxford, 2015)
[20]P. S. Castro, W. W. Happ, J. Appl. Phys. 31(8), 1314 (1960)
[21]K. Yazawa, A. Shakouri, J. Appl. Phys. 111(2), 024509 (2012)
[22]B. Sherman, R. R. Heikes, R. W. Ure Jr., J. Appl. Phys. 31(1), 1 (1960)
[23]M. S. El – Genk, H. H. Saber, Energy Convers. Manag. 44(7), 1069 (2003)
[24]G. J. Snyder, T. S. Ursell, Phys. Rev. Lett. 91(14), 148301 (2003)
[25]G. J. Snyder, in *Thermoelectrics Handbook: Macro to Nano*, ed. by D. M. Rowe (CRC Press, 2005), pp. 9 – 26
[26]H. S. Kim, W. Liu, G. Chen, C. W. Chu, Z. Ren, Proc. Natl. Acad. Sci. 112(27), 8205 (2015)
[27]I. Novikov, J. Nuclear Energy (1954) 7(1 – 2), 125 (1958)
[28]F. L. Curzon, B. Ahlborn, Am. J. Phys. 43(1), 22 (1975)
[29]Y. Apertet, H. Ouerdane, C. Goupil, P. Lecoeur, Phys. Rev. E 85, 041144

(2012)
[30] C. Van den Broeck, Phys. Rev. Lett. 95, 190602 (2005)
[31] O. Kedem, S. R. Caplan, Trans. Faraday Soc. 61, 1897 (1965)
[32] T. Schmiedl, U. Seifert, EPL (Europhysics Letters) 81(2), 20003 (2008)
[33] D. Agrawal, V. Menon, J. Phys. D Appl. Phys. 30(3), 357 (1997)
[34] W. Seifert, K. Zabrocki, S. Achilles, S. Trimper, in *Continuum Theory and Modeling of Thermoelectric Elements*, ed. by C. Goupil (Wiley, Weinheim, 2016), pp. 177-226
[35] P. Gray, *The Dynamic Behavior of Thermoelectric Devices*. Technology Press research monographs, 6 (The Technology Press of the Massachusetts Institute of Technology, 1960)
[36] M. Apostol, M. Nedelcu, J. Appl. Phys. 108(2), 023702 (2010)
[37] A. Snarskii, I. Bezsudnov, Energy Convers. Manag. 94, 103 (2015)
[38] G. D. Aloysio, G. D'Alessandro, F. de Monte, Int. J. Heat Mass Transf. 95, 972 (2016)
[39] J. G. Stockholm, C. Goupil, P. Maussion, H. Ouerdane, J. Electron. Mater. 44(6), 1768 (2015)
[40] J. García-Cañadas, G. Min, AIP Adv. 6(3), 035008 (2016)
[41] L. Chen, J. Lee, Energy Convers. Manag. 119, 75 (2016)
[42] W. H. Chen, P. H. Wu, X. D. Wang, Y. L. Lin, Energy Convers. Manag. 127, 404 (2016)
[43] I. Volovichev, Physica B 492, 70 (2016)
[44] G. Contento, B. Lorenzi, A. Rizzo, D. Narducci, Energy 131, 230 (2017)

第3章　太阳能温差发电器

摘要：本章主要介绍如何综合利用太阳能的光能和热能。本章通过分析该领域的技术现状，阐述其发展历史及优势，以及已经解决和尚未解决的技术问题。本章从主要系统组件到文献和方法，讨论了如何对太阳能温差发电器（Solar Thermoelectric Generator，STEG）进行建模并定量预测其最终效率，揭示影响 STEG 性能的主要参数，提出最佳方案提升转换效率，使其足以与其他太阳能利用方案相媲美。

3.1　系统描述和新技术

STEG 是一种通过温差发电器将太阳能转化为电能的系统，从能量的角度来看，太阳能首先转化为热能，然后转化为电能。

一般而言，STEG 系统由五个主要组件组成（图 3.1）：集光器，收集太阳的光子；光热转换器，将光能转换为热能；集热器，将热量驱向热电转换器；热电转换器，将热量转化为电能；散热器，在 TEG 低温端散热。

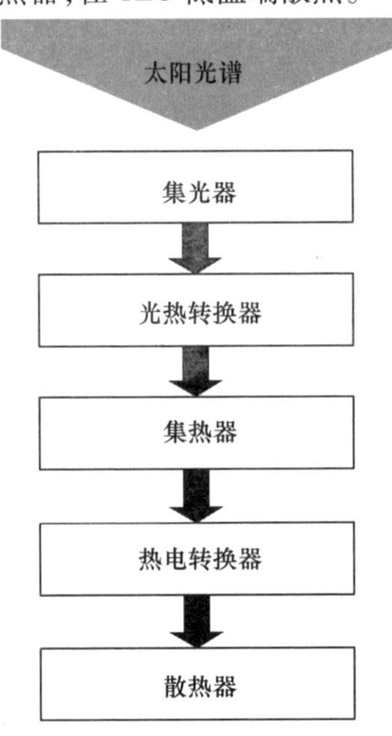

图 3.1　STEG 系统主要组件的结构

图 3.1 表明 STEG 转换效率是收集、转换和耗散能量方面的所有部分效率的乘积，这一部分将在 3.2 节中详细说明。这些组件涉及的技术方案和几何布局在一定程度上限制了 STEG 的设计。

STEG 的发展历史：Coblentz[1]于 1922 年第一次尝试用 STEG 系统进行太阳能发电。他将康铜热电偶钎焊到黑色涂漆铜箔上制成了 STEG 系统，其效率非常低，不足 0.01%。Telkes 在 1954 年取得了重大进展[2]，他设计的 STEG 系统在 1 倍和 50 倍光学聚焦下分别获得了 0.63% 和 3.35% 的效率，这个效率在当时可媲美其他太阳能技术[3]。Telkes 使用高性能的 BiSb/ZnSb 合金热电组件装置实现了 STEG 系统的效率大幅提升[4]，在接下来的 20 年里，STEG 系统的开发工作主要集中在空间应用领域[5-9]。从 20 世纪 80 年代开始，人们开始关注该系统在非空间领域的应用，但直到最近五六年，这项工作才取得重要进展（图 3.2）。同样，得益于过去十年中材料热电优值（ZT）的提高[10]，TEG 转换效率不断提高，TEG 系统得到改进，人们开始关注 TEG 在太阳能利用方面的可行性。表 3.1 列出了 1922 年以后 STEG 主要的研究进展。

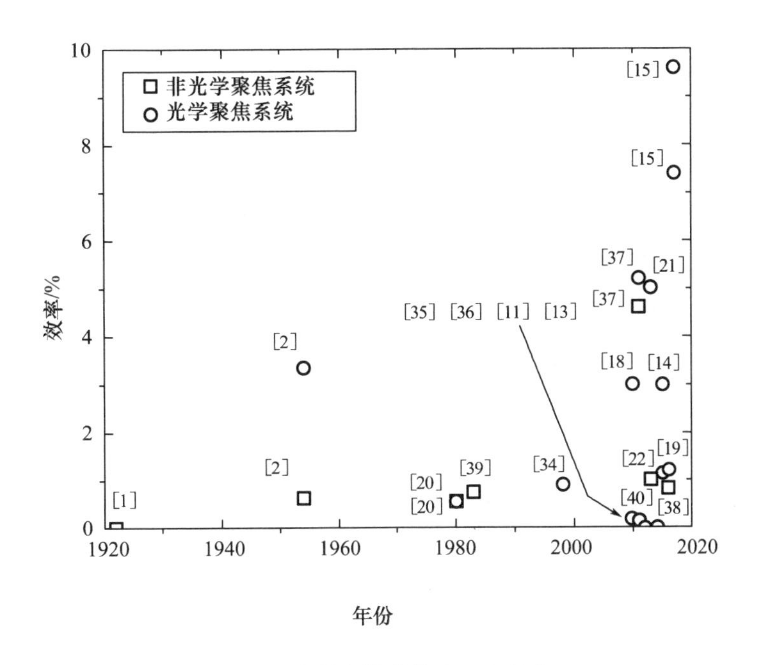

图 3.2　文献中报道的 STEG 效率

表 3.1　STEG 系统的性能和主要参数

作者	文献	年份	效率/%	聚光倍数 C	集光器	光热转换器	集热器	热电转换器	ZT	ΔT/K	散热器
Coblentz	[1]	1922	0.01	1	平面反射镜	刷黑 Cu	Cu	Cu/Const	-	17	空冷/水冷
Telkes	[2]	1954	0.63	1	平面反射镜	刷黑 Cu	Cu	BiSb/ZnSb	0.40	70	散热器
Telkes	[2]	1954	3.35	50	透镜	刷黑 Cu	Cu	BiSb/ZnSb	0.40	270	散热器
Goldsmit	[20]	1980	0.55	1	平面反射镜	刷黑 Al	Al	商用 BiTe	0.70	57	散热器
Goldsmit	[20]	1980	0.55	3	凹面镜	刷黑 Al	Al	单对 BiTe	0.70	120	定温
Durst	[39]	1983	0.75	1	真空管	—	油	商用 BiTe	—	100	水冷
Omer	[34]	1998	0.90	20	复合抛物面聚光器	刷黑温差发电机	Al_2O_3	商用 BiTe	—	100	散热器
Mgbemene	[35]	2010	0.15	6	复合抛物面聚光器	Cu	Cu	商用 BiTe	—	10	电扇
Amatya	[18]	2010	3.00	66	碟式反射镜 + 菲涅耳透镜	多晶硅	—	商用 BiTe	0.40	150	散热器
Kraemer	[37]	2011	4.60	1	真空平面镜	Cu 基体上商用多层太阳能选择性吸收涂层	Cu	单对纳米 BiTe	1.03	200	定温
Kraemer	[37]	2011	5.20	2	透镜	Cu 基体上商用多层太阳能选择性吸收涂层	Cu	单对纳米 BiTe	1.03	—	定温
Suter	[36]	2011	0.13	600	复合抛物面聚光器	Al_2O_3 基体上石墨烯膜	空腔	氧化物	0.05	620	水冷

续表 3.1

作者	文献	年份	效率/%	聚光倍数 C	集光器	光热转换器	集热器	热电转换器	ZT	ΔT/K	散热器
Mizoshiri	[11]	2012	8.8×10^{-4}	13	透镜	碳膜	碳膜	BiTe 薄膜	—	40	铜块冷却
Zhang	[40]	2013	1.00	1	真空管	涂覆太阳能选择性吸收涂层的管道	热管	商用 BiTe	0.59	70	水冷
Urbiola	[21]	2013	5.00	52	凹面镜	热板	—	商用 BiTe	0.70	150	水冷
De Leon	[13]	2014	2×10^{-3}	17	透镜	p – silicon	p – silicon	绝缘衬底上的硅	1.15×10^{-4}	18	基底冷却
Miao	[22]	2015	1.14	40	凹面镜	Al 基体上涂覆太阳能选择性吸收薄膜	Al	商用 BiTe	0.64	152	水冷
Pereira	[14]	2015	3.00	107	透镜	AlN 上 TiAlN/SiO_2 涂层	AlN	SiGe	0.60	400	散热器
Sudharshan	[38]	2016	0.82	1	透镜	钢基体上涂覆太阳能选择性吸收涂层	钢	商用 BiTe	0.40	120	散热器
Kraemer	[15]	2016	7.40	38	透镜	两层金属陶瓷涂层	钢	方钴矿 BiTe 段	1.02	400	定温
Candadai	[19]	2016	1.20	62	菲涅耳透镜	钢基体上涂覆太阳能选择性吸收涂层	钢	商用 BiTe	0.40	215	散热器
Kraemer	[15]	2016	9.60	211	透镜	两层金属陶瓷涂层	钢	方钴矿 BiTe 段	1.02	550	定温

3.1.1 集光器

STEG 的第一种分类方法是根据集光器(光学聚焦系统或非光学聚焦系统)的种类进行,光学聚焦式集光器包括柱面透镜[2,11-17]、菲涅耳透镜[18,19]、抛物面镜[20-29]、碟形镜[18,30-33]和复合抛物面聚光器[34-36]几种类型(图3.3),而非聚焦式集光器仅限于真空[37,38]和非真空[1,2,20]平面镜以及真空管[39,40]。

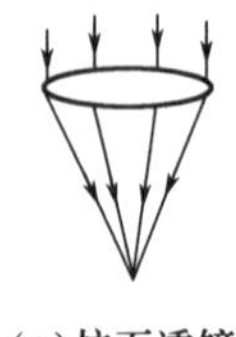

(a)柱面透镜

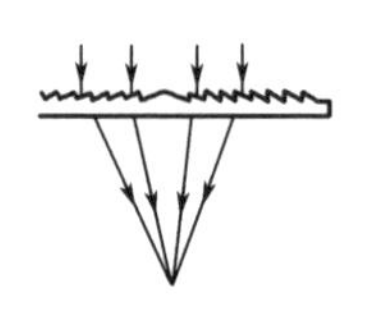

(b)菲涅耳透镜

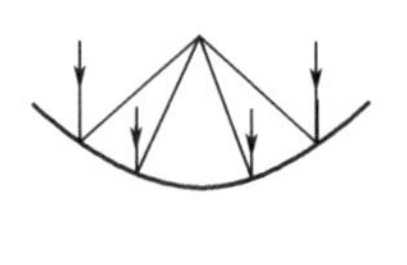

(c)抛物面镜

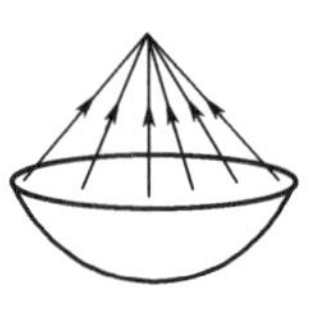

(d)碟形镜

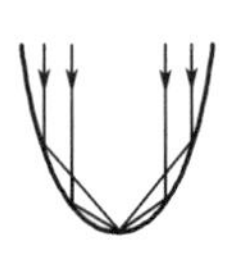

(e)复合抛物面聚光器

图 3.3 集光器的光学聚焦方案

集光器的种类决定了到达光热转换器上的能量,进而决定了 TEG 的工作温差。由于热电效率随着 TEG 两端温差的增大而增大,因此吸收的光功率应该可实现最大化。测试结果表明集光器的聚焦能力可达到 600×[36]。然而,在评估聚焦系统的可行性时,必须考虑附加成本和占地面积。此外,还应强调的是,因为系统效率还受诸如热损失管理和 TEG 性能的温度依赖性等因素的影响,所以最终效率并不仅取决于输入功率。

3.1.2 光热转换器

大多数情况下,STEG 中的光热转换器中都有沉积在金属基板上的太阳能选择性吸收材料(Selective Solar Absorber, SSA),但早期文献报道的黑色金属箔[1,2]或碳薄膜[11,36]中没有 SSA。

通常情况下,理想光热转换器的吸光度在整个太阳光谱范围应等于1,而发射率在等于组件温度的黑体辐射光谱范围内等于0,这样的转换器显然可以最大限度地提高输入功率,同时将热辐射损失降到最低。这种特性可以通过选择合适的材料实现,这类材料在低于一定截止波长的紫外-可见光范围内具有高吸光度,且对较长波长具有高反射率。根据组件温度,太阳光谱和黑体辐射光谱之间可能存在光谱范围重叠(特别是工作温度较高时),因此需要在最大吸收率和最小发射率之间进行权衡,设置最佳截止波长。所以,对 SSA 的要求是高温稳定性以及截止波长的可调性。

目前已有几种 SSA 见诸报道,主要是多层介电/金属层堆垛或金属-介电复合材料。例如,Candadai 等人[19]用磁控溅射在不锈钢衬底上沉积了 W/TiAlN/TiAlSiN/TiAlSiON/TiAlSiO 堆垛结构,吸收率为 0.95,在 82 ℃时的发射率为 0.07,真空中可耐受600 ℃高温;Cao 等人[41]开发了一种基于 $WNiAl_2O_3$的双层金属陶瓷

SSA,并在上面覆盖了两种不同的减反层,材料的稳定吸收率为0.90,在500 ℃时的发射率为0.15。

STEG中的SSA较少选择本征选择性材料,例如硼掺杂硅[13],或具有纹理表面的金属①。最近,在金属基底上生长光子晶体成为一种新的解决方案[42,43]。这种方案能够通过更好地控制选择性来提高SSA的效率。

3.1.3 集热器

集热器的功能是将光热转换的热量导入TEG的高温端,因此要求该部件在传热时将热损失降到最低,即具有高导热率和低发射率。大多数集热器的研究都集中在平板收集系统上,一般利用SSA金属基材的高导热性做集热器。此外,真空封装可以减少热对流造成的损失,避免系统性能下降。在少数情况下,也可用输送水[40]或油[39]的管道制作集热器。

利用微粗糙表面中的孔洞结构汇聚太阳能是另一种可行方案[36]。这种方法的优点在于,吸收表面的热辐射能量可以通过孔洞的其他表面反射回来,从而降低向环境辐射的损失。有证据显示这些系统会使TEG两端产生很大的温度差(高达600 ℃),因而具有极高的竞争性[44,45]。然而,目前仍然缺少微表面STEG转换效率的实验数据,尤其是缺乏能够在大温差下有效工作的热电材料和TEG。

最近,有人提出了用相变材料(Phase-change Material,PCM)制造集热器[46,47]的设想。这个方案的主要优点是兼具工作温度的稳定性和能量储存的可能性,但是要牺牲一部分系统效率[48]。

3.1.4 热电转换器

热电转换器是STEG系统中将热输入转换成电能的组件。目前有基于商用和用户自制两种TEG方案。所有基于商用的TEG均由掺杂锑和硒的Bi_2Te_3合金制成,其热电优值(*ZT*)受系统工作温度的影响从0.4[18]到0.7[20]不等。用户自制TEG则采用了如硅锗(SiGe)合金[14]、LaSrCuO/CaMnNbO对[36](两者都设计为能在很大的温差下工作)或最大工作温差150~200 ℃的Bi_2Te_3纳米结构[37]等不同的材料。据报道,在这些材料中,工作在500~700 ℃范围内的SiGe合金的*ZT*为0.5~0.6,LaSrCuO/CaMnNbO的*ZT*为0.005,Bi_2Te_3纳米结构的*ZT*为1.02[49,50]。

理论计算表明,薄膜TEG的效率可以与大型STEG系统相媲美[51-55]。然而,Mizoshiri等人[11]和De Leon等人[13]分别对Bi_2Te_3和绝缘体硅(SOI)结构进行了实验测试,发现这些材料的效率非常低(小于0.002%)。

理论分析工作表明,分段腿在温度梯度较大的情况下优势显著[56-60],但仅有一篇文献报道这些热电腿在实验中可以达到STEG的最高效率[15]。因为STEG是

① 此处与常见光谱选择材料不符,译者注。

通过非常低的填充因子(Filling Factor,FF,定义为热电活性区域与整个 TEG 区域的比)实现热量聚集的,因此低 FF 值结合适当的封装连接实际上提高了 STEG 的工作温度,进而提升了其效率[12,34,37,59]。

3.1.5 散热器

散热器是 STEG 系统中用于 TEG 低温散热端的组件,对于保证 TEG 两端的最大温差非常重要。散热系统可以是强制散热或者自然散热,其性能可通过换热系数(单位为 $W \cdot m^{-2} \cdot K^{-1}$)衡量。换热系数是流过散热器的热通量与散热器边缘处的温度差之比。

自然散热方案中通常使用金属翅片散热器,文献中很少提到,特别是在光学/热聚焦的相关案例中。实际上,无源散热器不可避免地会造成低温端温度显著升高,进一步降低 STEG 输出功率。目前发现的大多数采用自然散热的论文要么是早期成果[1,2,20],要么是主要为了研究自然对流而进行的[18,19]。强制冷却方案通常使用空气或水作为散热介质,因此具有更高的换热系数。然而,其需要在散热器中添加循环系统,因此必须考虑能量成本。因此,整体 STEG 功率是 TEG 产生的功率与流体循环引起的功耗之间的差值。

3.2 STEG 的效率

如前所述, STEG 的所有部件都是相互串联的,效率等于图 3.1 中所有部分的效率的乘积。因此,可以将集光器通过光热转换材料输入的功率 $CP_{in}A_{opt}$ 的效率定义为

$$\eta_{opt} = \frac{CP_{in}A_{opt}\tau_{opt}}{CP_{in}A_{opt}} = \tau_{opt} \tag{3.1}$$

式中,C 是光学聚焦能力;P_{in} 是太阳能量密度;A_{opt} 是集光器接收面积;τ_{opt} 是集光器的透射率或反射率(取决于所选择的光学组件(透镜或反射镜)的性质)。τ_{opt} 一般会达到 0.9 或更高,可以假设集光器不吸收能量,也不会被加热。所以,η_{opt} 可以被认为与温度无关。

光热转换材料的效率可以通过光热吸收率以及向周围环境散热来表示:

$$\begin{aligned}\eta_{otconv} &= \frac{CP_{in}\tau_{opt}A_{opt}\,\alpha_{otconv}\tau_{enc} - \left[\varepsilon_{otconv}\sigma A_{abs}(T_h^4 - T_h^4) + A_{abs}\dfrac{T_h - T_a}{R_{conv}}\right]}{CP_{in}\tau_{opt}A_{opt}} \\ &= \alpha_{otconv}\tau_{enc} - \frac{\varepsilon_{otconv}\sigma A_{abs}(T_h^4 - T_h^4) + A_{abs}\dfrac{T_h - T_a}{R_{conv}}}{CP_{in}\tau_{opt}A_{opt}}\end{aligned} \tag{3.2}$$

式中,α_{otconv} 和 ε_{otconv} 是光热转换的吸收率和发射率;τ_{enc} 是在可能的封装条件下的透射率;A_{abs} 是光热转换材料的面积。方括号中的第一项和第二项热量分别是光

热转换材料(温度 T_h)与环境(温度 T_a)之间辐射和对流热损失。

由于假定光热转换材料直接沉积在集热器的上表面,因此式(3.2)中认为对流和辐射损耗仅发生在光热转换材料的上表面。此外,应该强调的是,与 η_{opt} 不同,η_{otconv} 强烈依赖于温度。

假设集热器运行过程中,热量在向集热器和 TEG 传输过程中会仅发生传导损失,在集热器上表面未覆盖光热转换材料的部分以及集热器底面则发生对流和辐射损失。因此,集热器效率应为

$$\eta_{thcol} = 1 - \frac{\varepsilon_{thcol'}\sigma A_{thcol}[(T_{thcol}^4 - T_a^4) + (T_{thcol}^4 - T_c^4)]}{\eta_{otconv}} - \frac{(2A_{thcol} - A_{otconv})\dfrac{A_{thcol} - T_a}{R'_{conv}}}{\eta_{otconv}} - \frac{A_{otconv}\dfrac{T_{otconv} - T_{thcol}}{R'_{cond}}}{\eta_{otconv}} \tag{3.3}$$

式中,A_{thcol} 和 T_{thcol} 分别是集热器的面积和温度;R'_{conv} 和 R'_{cond} 分别是集热器与环境之间的对流换热热阻和光热转换材料与集热器之间的导热热阻。

在辐射热交换的第二种热量中,假设底部集热器也是 TEG 热板,并且面向 TEG 低温端。因此,$\varepsilon_{thcol'}$ 是 TEG 平行表面的综合发射率,一个表面的温度为 T_{thcol},发射率为 ε_{thcol};另一个表面的温度为 T_c,发射率为 ε_c,即[61]

$$\varepsilon_{thcol'} = \frac{1}{\dfrac{1}{\varepsilon_{thcol}} + \dfrac{1}{\varepsilon_c} - 1} \tag{3.4}$$

按照 MIT 的陈刚[62]的建议,可以通过定义光热效率 η_{ot}(太阳能转换为流过温差发电组件热能的效率)对式(3.2)和式(3.3)进行合理分组。

简单起见,可以如大多数文献中那样假设光热转换材料和集热器具有相同的面积,并且在真空环境中工作。这样,光热效率可以写成

$$\eta_{ot} = \alpha_{otconv}\tau_{enc} - \frac{\sigma A_{abs}[\varepsilon_{otconv}(T_h^4 - T_a^4) + \varepsilon_{thcol'}(T_h^4 - T_c^4)]}{CP_{in}\tau_{opt}A_{opt}} \tag{3.5}$$

这里假设光热转换材料和集热器之间的热阻很小,因而忽略了导热损失。因此,$T_{thcol} = T_h$。

值得注意的是,η_{ot} 也是流经 TEG 的热量和输入功率的比:

$$\eta_{ot} = \frac{Q_{teg}}{CP_{in}\tau_{opt}A_{opt}} \tag{3.6}$$

这里,流过 TEG 的热量可以写成

$$Q_{teg} = S_{teg}T_h I + \frac{T_h - T_c}{R_{tnp}} - \frac{i^2 R_{inp}}{2} \tag{3.7}$$

式中,S_{teg} 是 TEG 的 Seebeck 系数;I 是流过 TEG 腿的电流;R_{tnp} 和 R_{inp} 分别是 TEG 热阻和电阻。

由式(3.5)、式(3.6)和式(3.7)可以得到以下能量平衡方程:

$$CP_{\text{in}}\tau_{\text{opt}}A_{\text{opt}}\alpha_{\text{otconv}}\tau_{\text{enc}} =$$
$$\sigma A_{\text{abs}}[\varepsilon_{\text{otconv}}(T_{\text{h}}^4 - T_{\text{a}}^4) + \varepsilon_{\text{thcol'}}(T_{\text{h}}^4 - T_{\text{c}}^4)] + S_{\text{pn}}T_{\text{h}}I + \frac{T_{\text{h}} - T_{\text{c}}}{R_{\text{tnp}}} - \frac{i^2 R_{\text{imp}}}{2} \quad (3.8)$$

该式将输入功率与热量损失和流经 TEG 的热量联系起来。

关于 STEG 热电转换器,其效率符合式(2.44)。

最后,评估散热器的效率时必须考虑循环冷却液所需的电能(P_{diss})。于是有

$$\eta_{\text{diss}} = 1 - \frac{P_{\text{diss}}}{P_{\text{steg}}^{\text{out}}} \quad (3.9)$$

式中,$P_{\text{steg}}^{\text{out}}$是 STEG 电输出功率。

很明显,对于无源耗散 $\eta_{\text{diss}}=1$,而有源耗散必须考虑散热器的几何形状。Yazawa 和 Shakouri[63] 的方案中包含一个由平行管制成的散热器,其尺寸依据 TEG 低温端流出的热量和从耗散器带走的热量之间的热阻抗匹配条件确定[64]。研究结果表明,即使散热所需的功率根据系统尺寸和工作温度变化,对于光学浓度小于 200 的系统,预计 P_{diss}不会对 STEG 输出功率产生显著影响。

总之,整体 STEG 效率为

$$\eta_{\text{steg}} = \eta_{\text{opt}}\eta_{\text{ot}}\eta_{\text{teg}}\eta_{\text{diss}} \quad (3.10)$$

如上所述,除了η_{diss}之外,其他项必须逐个评估,其中η_{opt}与温度无关,影响η_{steg}的主要因素是$\eta_{\text{ot}}\eta_{\text{teg}}$。

实际上,η_{ot}和η_{teg}都强烈依赖于温度,但变化趋势相反(图 3.4)。因此可以认为:在系统特性一定的情况下,存在最佳操作温度 T_{h},在该温度下可实现 STEG 效率最大化。最佳 T_{h} 只依赖系统的光学特性($C,\tau_{\text{opt}},\varepsilon_{\text{otconv}},\varepsilon_{\text{thcol'}}$)和 $\overline{ZT}$,而与 TEG 热电腿的几何特征(例如腿的数量、所占面积或它们的长度)无关,这一点在 2011 年和 2012 年分别由陈刚[62] 和 Kreamer[12] 证明了。因此,一旦系统的光学性质和 $\overline{ZT}$ 确定,就可以设计出在最佳 T_{h}下工作的 TEG 系统。

上述情况也为热电材料性能和 TEG 设计提供了有用的指标和限制条件,这些内容将在下一节说明。

3.3 TEG 设计

由图 3.4(这里作为研究案例)可以看出,最佳 T_{h} 会在 500 K 和 550 K 之间。但是,在没有光学聚焦的情况(即 $P_{\text{in}}=1\ 000\ \text{W/m}^2$)下,以目前热电材料的典型导热系数(即 $\kappa=1\ \text{W/mK}$)可以直接算出长度为 1~5 mm 的热电腿的温降仅为 1~5 ℃。因此,输入功率时必须强制聚焦。一种解决方案是使用光学聚焦,如前所述;另一种解决方案是使用热聚焦,即使用占地面积比光热转换材料更小的热电组件。热聚焦程度定义为

$$C_{th} = \frac{A_{abs}}{A_{legs}} \tag{3.11}$$

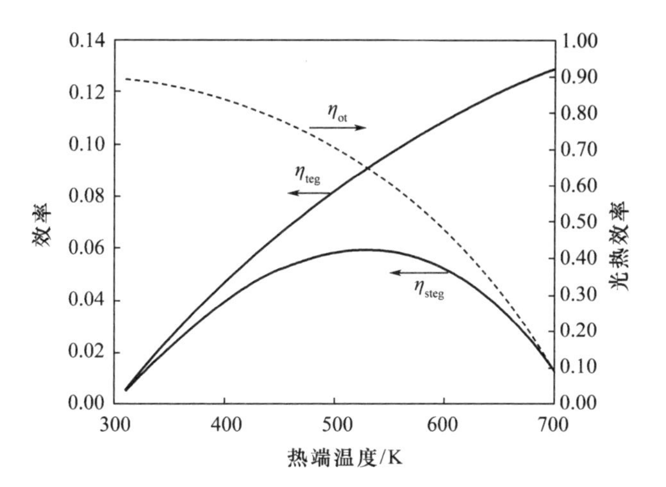

图 3.4　TEG 高温端温度 T_h 与 η_{ot}、η_{teg} 和 η_{steg} 的关系

（$Z\overline{T}=1$，$T_c=T_a=300$ K，$\varepsilon_{otconv}+\varepsilon_{thcol'}=0.006$，$\eta_{opt}=\eta_{diss}=1$。经[62]许可转载）

式中，A_{legs}是热电组件区域：

$$A_{legs} = N_{couples}(A_n + A_p) \tag{3.12}$$

式中，$N_{couples}$是热电对数；A_n和A_p分别是 n 型和 p 型热电材料区域。

换句话说，热聚焦原理意味着要使用填充因子（FF_{teg}）减小的 TEG。FF_{teg}定义为热电支路面积与总 TEG 面积之比：

$$FF_{teg} = \frac{A_{legs}}{A_{teg}} \tag{3.13}$$

热聚焦作为一种提高 STEG 工作温度的解决方案，在若干理论研究和实验中均有报道[12,34,37,59]。然而，这个方案的实施需要对热损失进行有效管理，因此必须对组件进行胶囊封装或其他类型的真空封装。

温差发电器热阻由热聚焦程度、热电材料电导率和腿长确定：

$$R_{teg}^{th} = N_{couples}\left(\frac{L_p}{\kappa_p A_p} + \frac{L_n}{\kappa_n A_n}\right) = \frac{C_{th}(A_n + A_p)}{A_{abs}}\left(\frac{L_p}{\kappa_p A_p} + \frac{L_n}{\kappa_n A_n}\right) \tag{3.14}$$

根据最佳工作温度 T_h（图 3.4）可以计算出最佳 TEG 热阻。因此，对于任何一组给定的热电性能组合，都可以实现最佳工作温度区间的最优布局。从这个意义上讲，n 和 p 腿尺寸之间的比例也非常重要。可以证明，最大效率对应于一个比值[62]：

$$\gamma_{np} = \frac{A_n}{A_p} = \sqrt{\frac{\rho_n \kappa_p}{\rho_p \kappa_n}} \tag{3.15}$$

3.4 材料特性

因为 STEG 存在最佳工作温度 T_h，所以热电材料的选材必须考虑优值（还有效率）对 T_h 的依赖性（图 3.5）。用于 STEG 的热电材料主要包括四类：碲化铋（BiTe）合金、碲化铅（PbTe）合金、方钴矿和硅锗（SiGe）合金。BiTe 合金作为热电材料已经得到成熟应用。这种合金用 Sb 或 Se 掺杂时，可以很容易地制成 p 型或 n 型半导体。据报道，掺杂 Sb 的 BiTe 合金在 43 ℃时峰值 ZT 为 1.8 [67]，掺杂 Se 的 BiTe 合金在 125 ℃时峰值 ZT 为 1.04[66]。BiTe 常用的制备技术有高能球磨（MA）或放电等离子体烧结（SPS），制成的材料晶粒尺寸从几百纳米到 1 μm，可以在不降低其功率因数的条件下抑制声子传输。BiTe 合金的主要缺点是对应的最佳工作温度 T_h 较低（接近室温）（图 3.5），因此限制了 STEG 的整体效率。

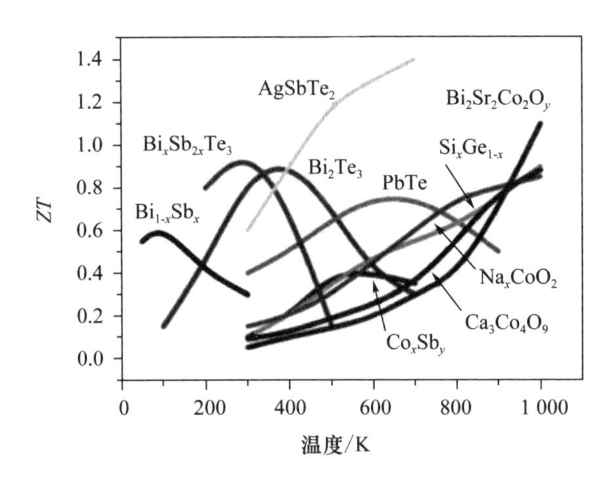

图 3.5 各种材料优值 ZT 随温度变化的曲线图

（经[65]允许转载）

提高 BiTe 工作温度的一种方法是用 PbTe 合金替代。据报道，这种通过添加 Ag 和 Sb 后制成的复合材料（缩略词用首字母命名为 LAST）在温度高于300 ℃时的 ZT 高于1，Na 掺杂的 p 型 PbTe 合金中存在 SrTe 原位析出相，在约650 ℃时最大 ZT 为 2.2 [68]。Hsu 等人报道了 n 型 PbTe 合金在 500 ℃左右的最佳 ZT 为 2.2 [69]，其中 Ag 和 Sb 纳米析出物是导致该材料导热系数显著降低的主要原因。方钴矿制成的 TEG 适宜在中高温度环境下运行，据报道，大空隙构成的笼式结构内的小离子颤动效应有利于散射声子，除了元素地质丰度高之外，这种效应也使方钴矿成为最有希望大规模生产的热电材料之一。Rogl 等人报道了一种 p 型 CoSb 合金，在 527 ℃时 ZT 为 1.3[70]。而 Zhao 等人发现该成分对应的 n 型合金在 580 ℃下的 ZT 为 1.34[71]。

对于在高温下运行的 STEG,非常需要中高温热电材料,比如具有笼式结构[36]的材料。SiGe 合金具有很高的热电优值和良好的稳定性。据报道,对于 p 型和 n 型合金,球磨和热压制备的纳米复合材料的 *ZT* 分别为 0.95(950 ℃)[72]和1.30(900 ℃)[73]。

如前所述,由于 *ZT* 随温度显著变化,而 TEG 端面上温差较大,因此单一材料无法在整个温度范围内高效工作。根据几项理论研究工作[56-58]的成果,在这种情况下需要沿着腿方向使用不同材料形成分段 TEG。沿腿方向进行非均匀掺杂是另一种可能的解决方案[60],比如梯度 TEG,不过目前较少关注。

Kraemer 等人最近报道了一个成功实现分段腿的 STEG 案例[15](图 3.6)。在平面光学聚焦 STEG 系统中采用了分段 BiTe - 方钴矿 TEG,通过与单一材料的 TEG 的计算结果进行比较,并将比较结果作为太阳入射能量的函数,说明了分段 TEG 方案的思路和优势。

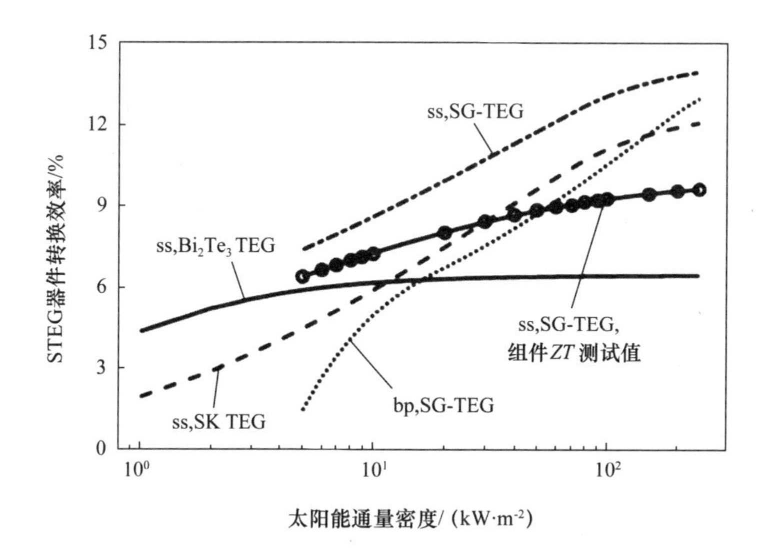

图 3.6 Kraemer 等人报道的 STEG 系统的效率[15]

(注意使用分段 TEG 而不是单种材料腿的效果。图中“ss”代表光谱选择性太阳能吸收器,“bp”代表黑色涂漆,“SG”代表分段。所有线代表计算结果,而圆圈代表实验数据。经[15]许可报道)

参考文献

[1] W. W. Coblentz, Sci. Am. 127, 324 (1922)

[2] M. Telkes, J. Appl. Phys. 25(6), 765 (1954)

[3] D. M. Chapin, C. S. Fuller, G. L. Pearson, J. Appl. Phys. 25, 676 (1954)

[4] M. Telkes, J. Appl. Phys. 181(10), 1116 (1947). https://doi.org/10.1063/

1.362507. http://dx.doi.org/10.1063/1.1697593
[5] G.W. Glassburn, IEEE Trans. Aerosp. 1(2), 1396 (1963). https://doi.org/10.1109/TA.1963.4319515
[6] N. Fuschillo, R. Gibson, F.K. Eggleston, J. Epstein, IEEE Trans. Aerosp. AS-3(2), 652 (1965). https://doi.org/10.1109/TA.1965.4319865
[7] F.K. Eggleston, N. Fuschillo, IEEE Trans. Aerosp. AS-3(2), 674 (1965). https://doi.org/10.1109/TA.1965.4319867
[8] N. Fuschillo, R. Gibson, F. Eggleston, J. Epstein, Advanced Energy Conversion 6(2), 103(1966). https://doi.org/10.1016/0365-1789(66)90004-X
[9] M. Swerdling, V. Raag, J. Energy 3(5), 291 (1979). https://doi.org/10.2514/3.62438
[10] J.P. Heremans, M.S. Dresselhaus, L.E. Bell, D.T. Morelli, Nat. Nanotechnol. 8(July), 471(2013)
[11] M. Mizoshiri, M. Mikami, K. Ozaki, K. Kobayashi, J. Electron. Mater. 41(6), 1713 (2012)
[12] D. Kraemer, K. McEnaney, M. Chiesa, G. Chen, Sol. Energy 86(5), 1338 (2012)
[13] M.T. De Leon, H. Chong, M. Kraft, J. Micromechanics Microengineering 24(8), 085011 (2014)
[14] A. Pereira, T. Caroff, G. Lorin, T. Baffie, K. Romanjek, S. Vesin, K. Kusiaku, H. Duchemin, V. Salvador, N. Miloud-Ali, L. Aixala, J. Simon, Energy 84, 485 (2015)
[15] D. Kraemer, Q. Jie, K. McEnaney, F. Cao, W. Liu, L.A. Weinstein, J. Loomis, Z. Ren, G. Chen, Nat. Energy 1, 16153 (2016). September
[16] Y. Cai, J. Xiao, W. Zhao, X. Tang, Q. Zhang, J. Electron. Mater. 40(5), 1238 (2011)
[17] D. Kossyvakis, C. Vossou, C. Provatidis, E. Hristoforou, Renew. Energy 81, 150 (2015)
[18] R. Amatya, R.J. Ram, J. Electron. Mater. 39(9), 1735 (2010)
[19] A.A. Candadai, V.P. Kumar, H.C. Barshilia, Solar Energy Mater. Solar Cells 145, 333 (2016)
[20] H. Goldsmid, J. Giutronich, M. Kaila, Solar Energy 24(5), 435 (1980). https://doi.org/10.1016/0038-092X(80)90311-4, http://linkinghub.elsevier.com/retrieve/pii/0038092X80903114
[21] E.A. Chávez Urbiola, Y. Vorobiev, Int. J. Photoenergy 2013(4) (2013). https://doi.org/10.1155/2013/704087

[22] L. Miao, Y. P. Kang, C. Li, S. Tanemura, C. L. Wan, Y. Iwamoto, Y. Shen, H. Lin, J. Electron. Mater. 44(6), 1972 (2015). https://doi.org/10.1007/s11664-015-3626-7
[23] W. He, Y. Su, S. Riffat, J. Hou, J. Ji, Appl. Energy 88(12), 5083 (2011)
[24] C. Li, M. Zhang, L. Miao, J. Zhou, Y. P. Kang, C. Fisher, K. Ohno, Y. Shen, H. Lin, Energy Convers. Manag. 86, 944 (2014)
[25] A. E. Özdemir, Y. Köysal, E. Özba, T. Atalay, Energy Convers. Manag. 98, 127 (2015)
[26] N. Rehman, M. A. Siddiqui, J. Electron. Mater. 45(10), 5285 (2016)
[27] S. Manikandan, S. Kaushik, Sol. Energy 135, 569 (2016)
[28] G. Li, G. Zhang, W. He, J. Ji, S. Lv, X. Chen, H. Chen, Energy Convers. Manag. 112, 191(2016)
[29] Y. J. Dai, H. M. Hu, T. S. Ge, R. Z. Wang, P. Kjellsen, Renew. Energy 92, 83 (2016)
[30] R. De Luca, S. Ganci, P. Zozzaro, B. G. D, R. F. De Luca R,Z. P, C. A, S. R. J, Y. H. D. F. W. Sears, M. W. Zemansky, Eur. J. Phys. 29(6), 1295 (2008)
[31] G. Muthu, S. Shanmugam, A. Veerappan, Energy Proc. 54, 2 (2014)
[32] N. Zhu, T. Matsuura, R. Suzuki, T. Tsuchiya, Energy Proc. 52, 651 (2014)
[33] G. Muthu, S. Shanmugam, A. Veerappan, J. Electron. Mater. 44(8), 2631 (2015)
[34] S. Omer, Solar Energy Mater. Solar Cells 53(1-2), 67 (1998)
[35] C. A. Mgbemene, J. Duffy, H. Sun, S. O. Onyegegbu, J. Solar Energy Eng. 132, 031015 (2010)
[36] C. Suter, P. Tomeš, A. Weidenkaff, A. Steinfeld, Sol. Energy 85(7), 1511 (2011)
[37] D. Kraemer, B. Poudel, H. P. Feng, J. C. Caylor, B. Yu, X. Yan, Y. Ma, X. Wang, D. Wang, A. Muto, K. McEnaney, M. Chiesa, Z. Ren, G. Chen, Nat. Mater. 10(7), 422 (2011)60
[38] K. Sudharshan, V. P. Kumar, H. C. Barshilia, Solar Energy Mater. Solar Cells 157, 93 (2016)
[39] T. Durst, L. B. Harris, H. J. Goldsmid, Solar Energy 31(4), 421 (1983). https://doi.org/10.1016/0038-092X(83)90143-3
[40] M. Zhang, L. Miao, Y. P. Kang, S. Tanemura, C. A. J. Fisher, G. Xu, C. X. Li, G. Z. Fan, Appl. Energy 109, 51 (2013). https://doi.org/10.1016/j.apenergy.2013.03.008

[41]F. Cao, D. Kraemer, T. Sun, Y. Lan, G. Chen, Z. Ren, Adv. Energy Mater. 5(2), 1 (2015). https://doi.org/10.1002/aenm.201401042
[42]Y. Da, Y. Xuan, Sci. China Technol. Sci. 58(1), 19 (2015)
[43]Z. Fang, C. Lu, D. Gao, Y. Lu, C. Guo, Y. Ni, Z. Xu, P. Li, J. Eur. Ceram. Soc. 35(4), 1343(2015)
[44]L. L. Baranowski, E. L. Warren, E. S. Toberer, J. Electron. Mater. 43(6), 2348 (2014)
[45]M. Olsen, E. Warren, P. Parilla, E. Toberer, C. Kennedy, G. Snyder, S. Firdosy, B. Nesmith, A. Zakutayev, A. Goodrich, C. Turchi, J. Netter, M. Gray, P. Ndione, R. Tirawat, L. Baranowski, A. Gray, D. Ginley, Energy Proc. 49, 1460 (2014)
[46]A. Agbossou, Q. Zhang, Z. Feng, M. Cosnier, Sens. Actuators A Phys. 163 (1), 277 (2010)
[47]M. L. Olsen, J. Rea, G. C. Glatzmaier, C. Hardin, C. Oshman, J. Vaughn, T. Roark, J. W. Raade, R. W. Bradshaw, J. Sharp, A. D. Avery, D. Bobela, R. Bonner, R. Weigand, D. Campo, P. A. Parilla, N. P. Siegel, E. S. Toberer, D. S. Ginley, AIP Conference Proceedings AIP 0500351(10)(2016). https://doi.org/10.1063/1.4949121, http://dx.doi.org/10.1063/1.4949133
[48]Q. Zhang, A. Agbossou, Z. Feng, M. Cosnier, Sens. Actuators A Phys. 163 (1), 277 (2010). https://doi.org/10.1016/j.sna.2010.06.026, http://dx.doi.org/10.1016/j.sna.2010.06.027
[49]Y. Ma, Q. Hao, B. Poudel, Y. Lan, B. Yu, D. Wang, G. Chen, Z. Ren, Nano Lett. 8(1) (2008)
[50]X. Yan, B. Poudel, Y. Ma, W. S. Liu, G. Joshi, H. Wang, Y. Lan, D. Wang, G. Chen, Z. F. Ren, Nano Lett. 10, 3373 (2010). https://doi.org/10.1021/nl101156v
[51]M. T. D. Leon, H. Chong, M. Kraft, Proc. Eng. 47, 76 (2012)
[52]L. A. Weinstein, K. McEnaney, G. Chen, J. Appl. Phys. 113(16), 164504 (2013)
[53]L. Tayebi, Z. Zamanipour, D. Vashaee, Renew. Energy 69, 166 (2014)
[54]W. Zhu, Y. Deng, M. Gao, Y. Wang, Energy Convers. Manag. 106, 1192 (2015)
[55]W. Zhu, Y. Deng, M. Gao, Y. Wang, J. Cui, H. Gao, Energy 89, 106 (2015)
[56]K. McEnaney, D. Kraemer, Z. Ren, G. Chen, J. Appl. Phys. 110(7) (2011)

[57]T. Yang, J. Xiao, P. Li, P. Zhai, Q. Zhang, J. Electron. Mater. 40(5), 967 (2011)
[58]J. Xiao, T. Yang, P. Li, P. Zhai, Q. Zhang, Appl. Energy 93, 33 (2012)
[59]W. H. Chen, C. C. Wang, C. I. Hung, C. C. Yang, R. C. Juang, Energy 64, 287 (2014)
[60]S. Su, J. Chen, IEEE Trans. Ind. Electron. 62(6), 3569 (2015)
[61]R. Siegel, J. R. Howell, M. P. Menguc, *Thermal Radiation Heat Transfer*, 5th edn. (Taylor & Francis, NY, 2002). https://www.crcpress.com/Thermal-Radiation-Heat-Transfer-5th-Edition/Howell-Menguc-Siegel/p/book/9781439866689
[62]G. Chen, J. Appl. Phys. 109(10) (2011)
[63]K. Yazawa, A. Shakouri, in *Thermal Issues in Emerging Technologies, ThETA 3, Cairo Egypt, Dec 19-22nd 2010* (2010), pp. 283-290
[64]K. Yazawa, G. L. Solbrekken, A. Bar-Cohen, in *2003 International Electronic Packaging Technical Conference and Exhibition*, vol. 2, (ASME, 2003), pp. 509-516. https://doi.org/10.1115/IPACK2003-35242, http://proceedings.asmedigitalcollection.asme.org/proceeding.aspx?doi=10.1115/IPACK2003-35242
[65]Y. Qi, Z. Wang, M. Zhang, F. Yang, X. Wang, H. Lu, Y. Yang, F. Qiu, C. Trautmann, A. Bertsch, N. M. White, A. S. Paulo, A. Shakouri, L. Fonseca, K. Kim, J. Mater. Chem. A 1(20), 6110(2013). https://doi.org/10.1039/c3ta01594g, http://xlink.rsc.org/?DOI=c3ta01594g
[66]X. Yan, B. Poudel, Y. Ma, W. S. Liu, G. Joshi, H. Wang, Y. Lan, D. Wang, G. Chen, Z. F. Ren, Nano Lett. 10(9), 3373 (2010). https://doi.org/10.1021/nl101156v
[67]S. Fan, J. Zhao, J. Guo, Q. Yan, J. Ma, H. H. Hng, Appl. Phys. Lett. 96(18), 182104 (2010). https://doi.org/10.1063/1.3427427, http://aip.scitation.org/doi/10.1063/1.3427427
[68]K. Biswas, J. He, I. D. Blum, Chun-IWu, T. P. Hogan, D. N. Seidman, V. P. Dravid, M. G. Kanatzidis, Nature 490(7421), 570 (2012). https://doi.org/10.1038/nature11645
[69]K. F. Hsu, S. Loo, F. Guo, W. Chen, J. S. Dyck, C. Uher, T. Hogan, E. K. Polychroniadis, M. G. Kanatzidis, Science 303(5659) (2004). http://science.sciencemag.org/content/303/5659/818
[70] G. Rogl, A. Grytsiv, P. Rogl, E. Bauer, M. Kerber, M. Zehetbauer, S. Puchegger, Intermetallics 18(12), 2435 (2010). https://doi.org/10.1016/j.inter-

met. 2010. 08. 041, http://linkinghub.elsevier.com/retrieve/pii/S0966979510003821

[71] W. Zhao, P. Wei, Q. Zhang, C. Dong, L. Liu, X. Tang, J. Am. Chem. Soc. 131(10), 3713 (2009). https://doi.org/10.1021/ja8089334, http://pubs.acs.org/doi/abs/10.1021/ja8089334

[72] G. Joshi, H. Lee, Y. Lan, X. Wang, G. Zhu, D. Wang, R. W. Gould, D. C. Cuff, M. Y. Tang, M. S. Dresselhaus, G. Chen, Z. Ren, Nano Lett. 8(12), 4670 (2008). https://doi.org/10.1021/nl8026795

[73] X. W. Wang, H. Lee, Y. C. Lan, G. H. Zhu, G. Joshi, D. Z. Wang, J. Yang, A. J. Muto, M. Y. Tang, J. Klatsky, S. Song, M. S. Dresselhaus, G. Chen, Z. F. Ren, Appl. Phys. Lett. 93(19), 193121 (2008). https://doi.org/10.1063/1.3027060

第4章　光伏发电机入门

摘要:光伏发电是迄今最常用、最有效的成功转换太阳能的方法,而光伏电池是将太阳能转化为电能的关键设备。本章主要概述光伏转换机制,系统介绍光伏发电设备(电池和模块)的工作机制,对其在三代太阳能电池即块体电池、薄膜电池和染料敏化电池中的功用进行对比描述。

4.1　发展背景和理论

4.1.1　引言

太阳能辐射是地球能量的主要来源。太阳是一颗普通恒星,也是一个已经燃烧了40多亿年的聚变反应堆,地球每分钟从太阳接收的辐射为162 000 TW,可满足世界一年的能源需求。按照目前人口数量统计,太阳一天之内提供的能量比人类在27年内所要消耗的还多,三天内辐射到地球的能量相当于所有化石能源中储存的能量。据估计,2014年全球发电量超过24 000 TW · h,其中只有7%左右是利用太阳能发电和风能发电。该比例每提高1%,全球CO_2的排放量将减少约1.32×10^8 t。

太阳能是取之不尽用之不竭的资源,人类产生收集太阳能的想法的时间并不长。太阳能电池可以将吸收的辐射能转换为电流,比如光伏电池(Photovoltaic Cell,PV),它是一种通过光伏效应将光能直接转化为电能的电气设备。Alexander-Edmond Becquerel于1839年发现了光伏效应,Russell Ohl在1939年使用Si的PN结制造出了第一个光伏组件,光伏转换效率直到晶体管和半导体技术出现才实现了巨大飞跃。

光伏太阳能发电是世界上最有前途的可再生能源,它具有无污染、无运动部件、几乎无须监管维护、运行成本低、使用寿命为20~30年等优点,特别是它的安装尺寸不大,这与其他电力设施相比是独一无二的。偏远地区可以方便地依据自己的需要制造合适的发电系统,可以简单地将其安装在家庭、学校或企业中,其组装不需要额外开发或占用更多土地,并且运行安全、无噪音。目前,太阳能应用在发展中国家非常抢手,其中光伏产业发展最为迅猛。各国政府充分利用其模块化和分散化的特点,以满足数以千计的偏远村庄的电力需求。而且,考虑到偏远地区人们的支付能力,这比昂贵的电力线路搭建更为实际。使用太阳能电池只有两个限制:实际可用的日照量和光伏组件的生产成本。显然,一个地点接收的日照量因地理位置、时间、季节和天气而异,不一定与电力需求保持准确同步。不过,降低生产成本(或者能源成本)是新型光伏材料工程研究的驱动因素之一。

4.1.2 太阳光谱

太阳光谱通常涵盖红外线到紫外线区域,波长范围4~0.2 μm,但强度分布并不均匀。图4.1展示了典型的太阳能光谱,即光谱辐照度与波长的关系曲线。太阳光谱可以用5 250 ℃的黑体辐射曲线近似。由于大气层的散射和吸收作用,因此大气上界和地表的光谱也存在差异。大气中光程取决于日照角度,而角度在一天中随时间而变化,这可以由大气质量(AM)给出,它是太阳和地球之间角度的正切。

如图4.1(a)所示,依据美国材料与试验协会(American Sciety for Testing and Material,ASTM)标准E490作出的AM0光谱主要应用于卫星领域[1]。根据ASTM标准G173作出的AM1.5G光谱适用于地面直射光和散射光,其总辐射功率为1 000 W/m^2。根据ASTM标准G173作出的AM1.5D光谱适用于地面应用,但仅包括直射光,它的总辐射功率为888 W/m^2[2]。将图4.1(a)所示的AM1.5G光谱中的功率转换为每秒每平方米的光子数得到的光谱如图4.1(b)所示,利用光子光谱$\Phi^0(\lambda)$对太阳能电池进行评估更为方便。

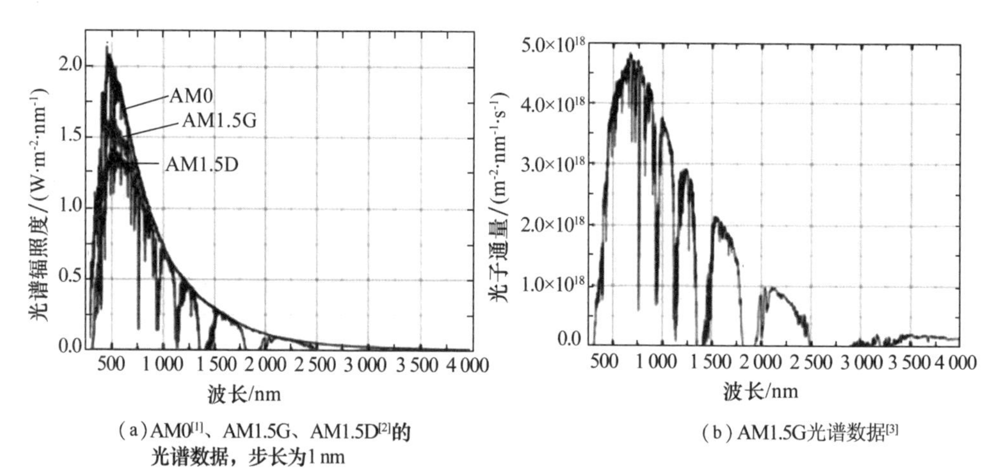

(a)AM0[1]、AM1.5G、AM1.5D[2]的光谱数据,步长为1 nm

(b)AM1.5G光谱数据[3]

图4.1 太阳能光谱

在电池运行中,实际光谱会受到天气、季节、时间和地点的影响,所以太阳能电池的研究、开发和营销采用标准光谱。因为电池需要暴露在相同的光谱中进行测试,采用标准光谱方便对太阳能电池的性能进行公平比较,而且标准光谱可以用模拟太阳复现,测试在实验室中也可以进行。

4.1.3　太阳能电池 $I-V$ 特性

利用太阳能电池的等效电路可以计算出太阳能电池的 $I-V$ 特性。$I-V$ 特性取决于入射辐射强度以及电池的操作点(外部负载)。图 4.2 所示的接收辐射的 PN 结太阳能电池,如果外部电路短路(外部负载电阻为零),则电路中的电流仅由入射光激发的电子 - 空穴对(Electron Hole Pairs,EHPs)产生,这称为光电流,用 I_{ph} 表示。光电流的另一个名称是短路电流 I_{sc}。根据电流的定义,短路电流与光电流都与入射光的强度有关,但方向相反,即

$$I_{sc} = -I_{ph} = -kI_{op} \tag{4.1}$$

式中,k 是依赖于设备的常量,相当于光能转化为 EHPs 的效率指标。

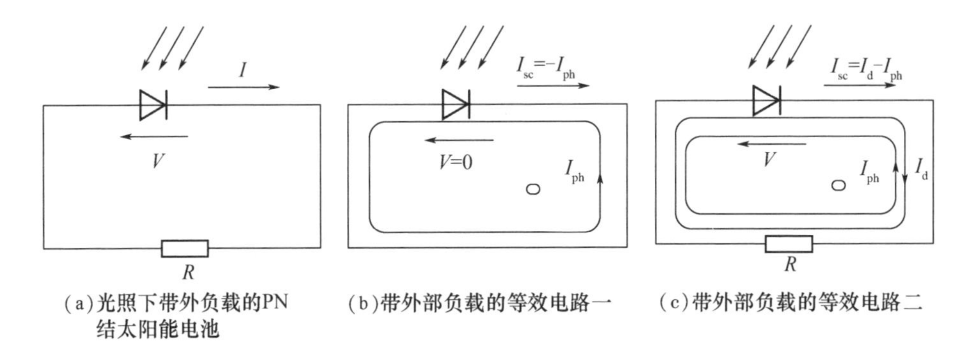

(a)光照下带外负载的PN结太阳能电池　(b)带外部负载的等效电路一　(c)带外部负载的等效电路二

图 4.2　光照下带外负载的 PN 结太阳能电池与带外部负载的等效电路

(光照导致光电流流过外部电路。加载外部负载时,其上电势降低,将产生一个正向偏压电流。该电流与光电流方向相反)

施加外部负载 R(图 4.2)的等效电路如图 4.3 所示。外部负载两端的电压由 $V=IR$ 确定。此电压与内置电位相反,并降低了载流子注入节点处的障碍。这类似于正向偏压中的 PN 结,其中外部偏压导致少数载流子注入和电流增加。正向偏压电流与设备内日照产生的光电流方向相反,这是因为I_{ph}是组件内电场(漂移电流)吸引电子进入 n 侧而空穴移动到 p 侧产生的,而正向偏压电流是由注入少数载流子引起的扩散电流。因此,净电流可以写成

$$I = -I_{ph} + I_d \tag{4.2}$$

$$I_d = I_{s0}\left[\exp\left(\frac{eV}{k_B T}\right) - 1\right] \tag{4.3}$$

$$I = -I_{ph} + I_{s0}\left[\exp\left(\frac{eV}{k_B T}\right) - 1\right] \tag{4.4}$$

式中,k_B 是玻尔兹曼常数;I_d 是正向偏压电流,可用反向饱和电流 I_{s0}和外部电压 V 表达。

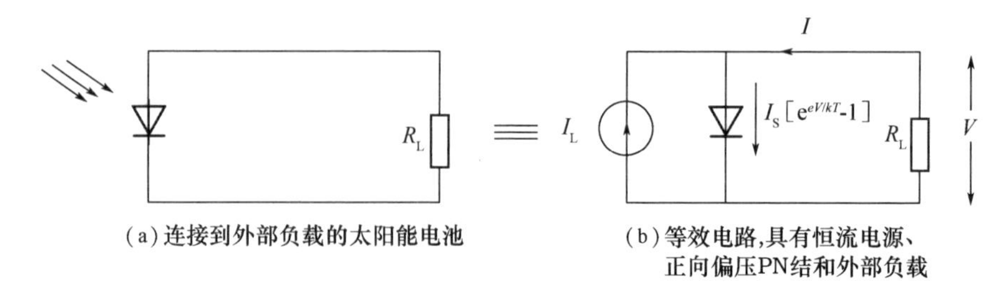

图 4.3　连接到外部负载的太阳能电池与等效电路

(来自正向偏压 PN 结的电流与恒流电源相反)

图 4.4 是总体 $I-V$ 特性图。在光照不足的情况下,暗特性类似于 PN 结的 $I-V$ 曲线,光的存在使 $I-V$ 曲线下移。由图 4.4 可以定义光电流 I_{ph} 为外部电压为零时的电流,开路电压 V_{oc} 为电路中的净电流为零时的电压。根据式(4.4)可以得到 V_{oc}:

$$I_{ph} = I_{s0}\left[\exp\left(\frac{eV_{oc}}{k_B T}\right) - 1\right] \tag{4.5}$$

$$V_{oc} \approx \frac{k_B T}{e}\ln\frac{I_{ph}}{I_{s0}} \tag{4.6}$$

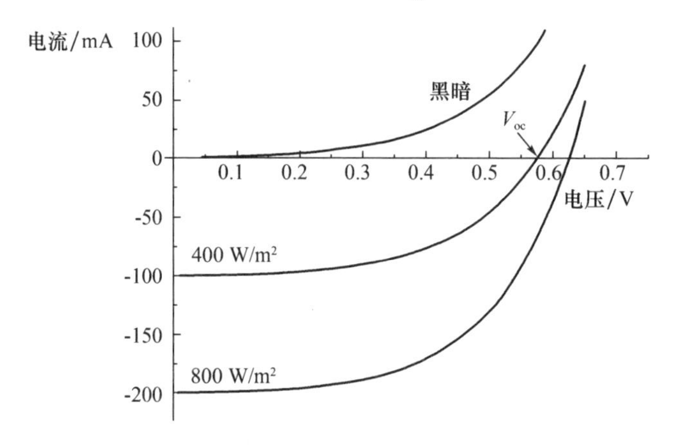

图 4.4　Si 的 PN 结太阳能电池在黑暗条件下和不同光照强度下的 $I-V$ 特性

(短路电流和开路电压都随着亮度的增加而增加)

光子通量越高,I_{ph} 越高(据式(4.1)),V_{oc} 也越高。同样,较低的反向饱和电流 I_{s0} 也可以产生更高的 V_{oc}。相反,高带隙会导致内载流子密度 n_i 较低,因此也可以通过选择具有较高带隙 E_g 的材料降低 I_{s0}。但高带隙材料同样会导致材料吸收的波长范围较小,进而降低 I_{ph}。太阳能电池电路的总功率为

$$P = IV = I_{s0}V\left[\exp\left(\frac{eV}{k_B T}\right) - 1\right] - I_{ph}V \tag{4.7}$$

对电压的导数为零对应于最大功率,这给出了电流和电压之间的递归关系:

$$\frac{\mathrm{d}P}{\mathrm{d}V} = 0 \tag{4.8}$$

$$I_{\mathrm{m}} \approx I_{\mathrm{ph}}\left(1 - \frac{k_{\mathrm{B}}T}{eV_{\mathrm{m}}}\right) \tag{4.9}$$

$$V_{\mathrm{m}} \approx V_{\mathrm{oc}} - \frac{k_{\mathrm{B}}T}{e}\ln\left(1 + \frac{eV_{\mathrm{m}}}{k_{\mathrm{B}}T}\right) \tag{4.10}$$

$$P_{\mathrm{m}} \approx I_{\mathrm{m}}V_{\mathrm{m}} \approx I_{\mathrm{ph}}\left[V_{\mathrm{oc}} - \frac{k_{\mathrm{B}}T}{e}\ln\left(1 + \frac{eV_{\mathrm{m}}}{k_{\mathrm{B}}T}\right) - \frac{k_{\mathrm{B}}T}{e}\right] \tag{4.11}$$

利用图 4.5 中曲线下的面积(对应于I_{m} 和 V_{m})可得到最大功率。由式(4.11)可以看出,最大功率与 V_{oc}成正比,减小I_{s0}可使其增加。

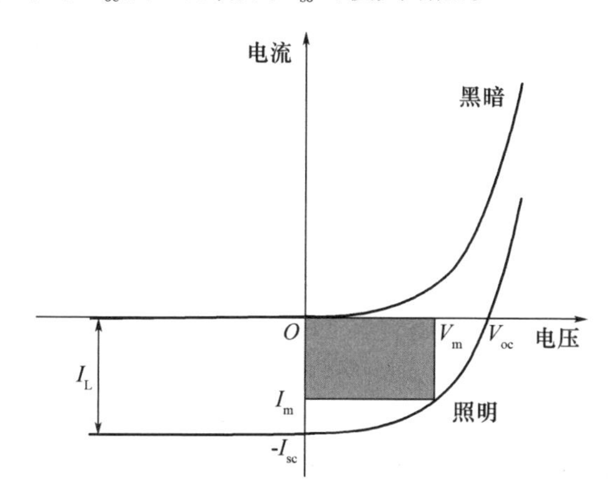

图 4.5　太阳能电池的 *I*－*V* 曲线

(最大功率如图阴影区域所示,对应的电压和电流为 V_{m} 和 I_{m},其值取决于施加的外部负载)

4.1.4　太阳能电池效率

给定光谱$\Phi^0(\lambda)$的单位面积总功率(p_{in})是在全光谱中对单位时间、单位面积、单位步长输入能量的积分,即

$$p_{\mathrm{in}} = \int_{\lambda} \frac{hc}{\lambda}\,\Phi_0(\lambda)\,\mathrm{d}\lambda \tag{4.12}$$

典型的$\Phi^0(\lambda)$表示为单位时间单位面积中光子数按波长的分布,如图 4.1(b)所示。在式(4.12)中,h 是普朗克常数,c 是光速。

因为单位面积的最大电功率p_{m} 是最大功率P_{m} 除以电池面积,所以设备效率 η 可表示为

$$\eta = \frac{p_{\mathrm{m}}}{p_{\mathrm{in}}} \tag{4.13}$$

对于光照面积比工作面积大的电池(即对于聚光太阳能电池),此表达式为

$$\eta = \frac{A_s p_m}{A_c p_{in}} \tag{4.14}$$

式中,A_s是太阳能电池工作面积;A_c 是光照面积。聚光型结构的优点在于它能够在给定电池大小的条件下收集更多的太阳能。

理想的电流密度-电压($J-V$)特性为矩形,能提供恒定电流密度J_{sc}直至电压达到开路电压 V_{oc},因此,最大功率点对应电流密度为J_{sc},电压是 V_{oc}。为了评价一个已知的 $J-V$ 特性曲线与理想矩形 $J-V$ 特性曲线的接近程度,引入填充因子(FF)。填充因子可用下式计算:

$$\mathrm{FF} = \frac{P_m}{J_{sc} V_{oc}} \tag{4.15}$$

根据定义可知,FF≤1。

由图 1.2 可知不同太阳能电池技术的研究现状及其效率,其中清楚地罗列了提高光伏电池的转换效率的方法。众所周知[4-6],选择与太阳光谱相匹配的适当带隙的半导体材料对于提高太阳能电池的效率至关重要,这有利于提高电池的电学和光学性能。改进电荷收集方式也有助于提高太阳能电池的效率。

迄今为止效率最高的太阳能电池是 2014 年 12 月由 Fraunhofer ISE 生产的多结聚光型太阳能电池,其效率为 46.0%[7]。目前最高效率的非聚光型太阳能电池采用了夏普公司于 2009 年利用专用三结技术制备的材料,效率为 35.8%[8],波音光谱实验室也采用了该三层设计,报道的效率为 40.7%。美国 SunPower 公司生产的电池效率为21.5%,高于市场平均水平 12%~18%[9]。一些公司尝试将功率优化器嵌入 PV 智能模块中,利用这些模块分别对每个模块执行最大功率点跟踪(Maximum Power Point Tracking, MPPT),监控性能数据并提供其他安全保障。

4.1.5 太阳能电池应用

太阳能光伏发电如今已广泛应用于空间和地面,太阳能电池板既可为轨道卫星和其他航天器供电,又能在偏远地区作为路边紧急电话、遥感和管道阴极保护的电源。

国际空间站是太阳能电池在空间中应用的典型实例,建成后将成为太空中最强大的太阳能电池板。四组金色翅膀(每组长 72 m,比空间站本身大)包含250 000个太阳能电池,可满足一个小型社区的供电需要。空间站产生的能量一部分直接用于生命保障系统,剩余部分将储存在电池中。

随着人们对使用化石燃料的代价的认识以及对可再生环保能源的广泛需求的不断提升,在地面使用太阳能电池成为发展趋势。太阳能汽车就是通过光伏电池产生电能,通过电机直接为车辆提供动力或者储存到蓄电池中。

为推广太阳能电池的使用,下一步需要不断提高电池能量转换效率 η,延长模

块(一组电池)服役寿命,并降低制造成本、生产成本,以及减少制造和部署太阳能电池对环境的影响。

4.2　光伏技术的类型与分类

4.2.1　概述

不同的半导体材料对日光的特定吸收性质不同,有些适合在地表工作,有些则适合在太空工作,可制备不同的太阳能电池。太阳能电池可以用单层光学吸收材料(单结)制备,也可使用多层结构(多结)制备,其中多结可以发挥不同吸收机制和电荷分离机制的优势。根据工作材料(主要是吸光材料)将太阳能电池分为第一、第二和第三代电池(图 4.6)。

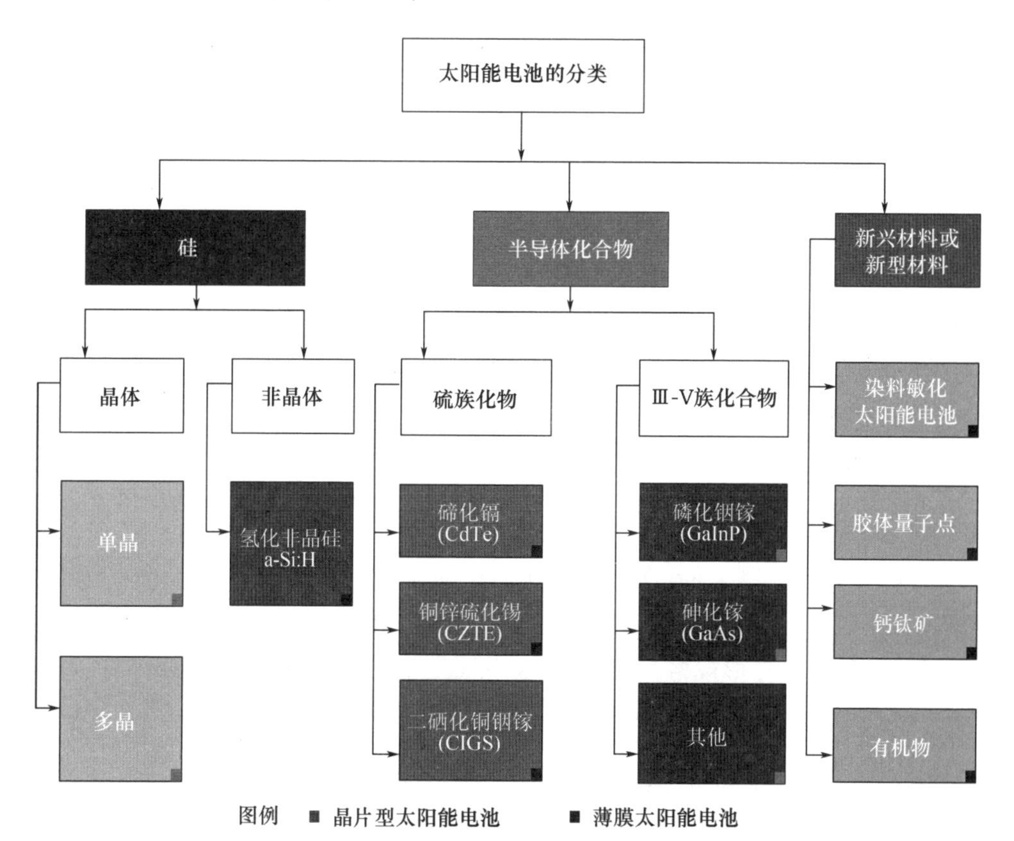

图 4.6　基于主要工作材料的太阳能电池分类

(经[10]许可转载,版权所有埃尔塞维尔 2017)

第一代电池(也称为常规太阳能电池、传统太阳能电池或晶圆电池)由晶体硅

(多晶硅和单晶硅等材料)制成,是商业上最主要的光伏技术。与其他光伏技术相比,硅太阳能电池使用的光伏材料具有稳定、无毒、丰富且技术成熟等优点。第二代电池是薄膜太阳能电池,包括 CdTe 和 CIGS 电池等,在工业规模的光伏发电站、建筑集成光伏或小型独立电力系统中具有商业意义。第三代电池包括许多被描述为新兴光伏技术的薄膜技术,其中大多数技术目前仍处于研究或开发阶段,尚未商业应用。第三代电池使用的多为有机材料,在无机物基底上制备有机金属化合物。尽管该类电池效率较低且稳定性差,但它们有望成为未来低成本、高效率的太阳能电池,因而吸引人们在技术研究方面大量投入。

4.2.2 第一代电池

如上所述,太阳能光伏为人类建设全球繁荣、可持续和环境友好型社会提供了可能。因为一个简单的光电子组件——晶体硅太阳能电池,光伏技术作为经济的电力来源最近取得了成功。2014 年,新的晶体硅太阳能电池打破了澳大利亚新南威尔士大学(The University of New South Wales,UNSW)在 1999 年创造的25.0%的功率转换效率记录[11,12]。

4.2.2.1 晶体硅(c-Si)太阳能电池

c-Si 具有稳定的光转换效率,可以加工成高效、无毒、可靠的光伏电池[13]。目前多数商用光伏技术都使用硅制作太阳能电池,特别是晶体硅 c-Si,已经有超过 50 年的制造历史,在材料、生产工艺和设备设计方面拥有深厚的技术基础,在性能、使用寿命和可靠性方面具有明显优势[14]。

在没有先进的光捕获机制之前,人们使用相当厚的、坚硬而脆的晶圆来吸收大部分入射光[14-16]。室温下 c-Si 存在约 1.1 eV 的间接带隙[15],因此光吸收性较差,成为显著缺点。c-Si 的这一缺陷及因此而产生的周边系统(Balance of System,BOS)、低功耗-质量比,以及模块的灵活性和设计受限等问题使得硅太阳能电池成本高昂[16,17]。

尽管存在一些缺点,晶体硅太阳能电池的产量仍然占全球电池模块产量的90%左右,是最为成熟太阳能电池技术[18]。太阳能电池的主要技术问题是要求材料的纯度高、模块外形规格存在限制、在电池批量制备和模块集成方面生产效率较低等[13,15,16]。当前的研究目标是经济简单的晶圆基太阳能电池[19],进一步提高模块转换效率,减少每瓦发电的硅的用量,减少对银连接的依赖[16]。

晶体硅太阳能电池的新兴研究领域是用薄膜硅取代硅晶片作为原材料制备薄膜光伏电池[20],该技术有望改善硅晶圆太阳能电池的局限性,同时保留硅的大部分优势[13],比如在保证高质量性能的同时降低制造的复杂性和模块成本。制备薄膜 c-Si 光伏电池对原材料的颗粒尺寸和杂质含量要求较低,成本低,还能保证电池的柔性和轻量化,有利于实现高通量处理[14,16]。与晶体硅太阳能电池相比,薄膜 c-Si 光伏电池的主要缺点是效率较低,而且批量制造方法尚未成熟[13]。

晶圆基太阳能电池由单晶硅(sc－Si)或多晶硅(mc－Si)片制成。2014年这两种类型硅片的市场份额分别为35%和55%[18]。单晶硅电池通常采用集成电路晶圆[17]的制备工艺,如直拉法(CZ法)、悬浮区熔法(Float－Zone,FZ法)或布里奇曼工艺等,制得的晶体质量更高,有利于提高电荷激发和功率转换效率,虽然价格昂贵,但需求还是增加了20%～30%[16,17]。另外,mc－Si电池采用的是铸造技术[21],这种电池由几个晶向随机的晶体或晶粒组成,包含许多晶界,阻碍了电子运动或电荷激发,并促使电子与空穴结合,因此降低了太阳能电池的输出功率[16,17]。mc－Si电池的效率较低,但制造成本也低[17]。sc－Si和mc－Si的实验室效率分别为25.6%和20.4%[22],大面积sc－Si和mc－Si电池的效率分别为20.8%和18.5%[23]。

4.2.2.2　非晶硅(a－Si)太阳能电池

有一段时间,非晶硅(a－Si)因为生产成本比c－Si更低而在薄膜光伏产业的发展中占据了主导地位。然而,其发展受到转换效率和稳定性方面的制约[14]。a－Si的带隙约为1.7 eV,大于c－Si的1.12 eV,因此,其吸收系数比c－Si高,增加了对太阳辐射的吸收率。但是,c－Si为间接带隙半导体,带隙选择法则并不适用于a－Si[17]。因此,增大带隙反而减小了可以吸收光的波长范围[16]。非晶态固体缺乏长程晶体排列,含有大量的空位和悬挂键等键合缺陷[14,17],成为电子与空穴的复合场所。同时,悬挂键在氢的作用下发生钝化,变成氢化非晶硅(a－Si:H)。悬挂键和氢的钝化作用降低了a－Si:H电池在太阳照射下的稳定性,并最终导致效率下降[14],这种现象称为Staebler－Wronski效应[24]。虽然该效应可通过在150 ℃以上退火消除,但退火会影响电池的最大效率及长期稳定性,并增加制造成本[25]。氢化非晶硅太阳能电池非常适合低功率要求的小规模应用,但其相对于其他成熟的薄膜光伏技术并不占优势。记录中的最高效率来自三重结实验样品,仅为13.4%[23]。低效率限制了市场对氢化非晶硅太阳能电池的认可度[16]。

4.2.3　第二代电池

尽管硅基太阳能电池的成本已大大降低,但转换效率未见改善,因此科学家和工程师不得不考虑使用替代材料,这促进了基于半导体化合物的太阳能电池的发展。

4.2.3.1　碲化镉(CdTe)太阳能电池

CdTe太阳能电池是一种基于CdTe(一种能吸收阳光并将其转化为电能的薄半导体层)的光伏技术(图4.7)。在其生命周期中,CdTe太阳能电池拥有在所有太阳能技术中碳足迹最小、用水量最低、能源回收时间最短等优点[26,27]。镉的毒性是CdTe太阳能电池回收时需要关注的一个环境问题[28]。另外,原材料中的稀有金属也可能限制CdTe在工业生产中的发展势头。2013年,CdTe太阳能电池在薄膜市场中所占的份额达到一半以上[29],其发电量目前在全球光伏发电量中占

5.1%。

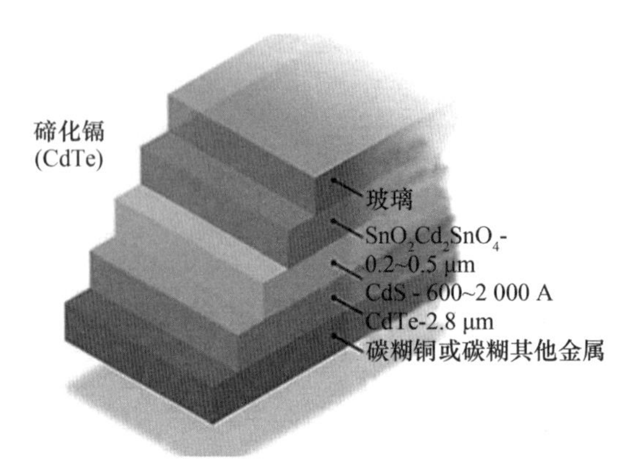

图 4.7 构成 CdTe 太阳能电池的五层结构

(经[30]许可转载,版权所有科学出版集团 2015)

4.2.3.2 铜铟镓硒(CIGS)太阳能电池

铜铟镓硒($CuIn_xGa_{(1-x)}Se_2$,或 CIGS)的带隙为 1.7 eV,足以覆盖单结太阳能电池带隙的最佳区域,但组件的最佳带隙是 1.2 eV[14]。图 4.8 展示了 CIGS 太阳能电池的五层结构。CIGS 电池效率的实验室记录约为 20%,世界纪录为 20.3%[31]。CIGS 太阳能电池抗辐射性能力强,适合空间应用[16],主要面临的技术难题包括对薄膜成分的化学计量比和特性的控制、材料缺陷引起的低 V_{oc}(约 0.64 eV)、对晶界的影响缺乏了解,以及制造多结电池时高带隙合金加工困难[13,14,16]。如果能用其他元素取代或部分替代所需的昂贵和稀缺的元素,如镓和铟,则 CIGS 薄膜及相关(如 CGS 和 CIS)太阳能电池发展潜力巨大。

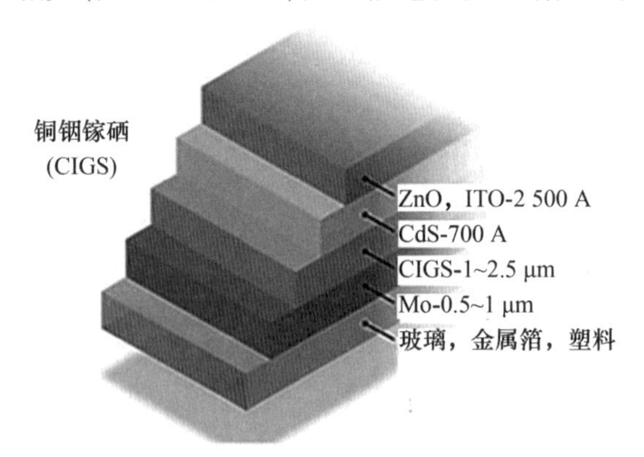

图 4.8 构成 CIGS 太阳能电池的五层结构

(经[30]许可转载,版权所有科学出版集团 2015)

4.2.3.3 砷化镓(GaAs)太阳能电池

与硅不同,砷化镓(GaAs)具有众所周知的优势——电子迁移率大大超过Si[14]。此外,单结Ⅲ-Ⅴ光伏电池具有光学吸收系数高、非辐射能量损失极低、直接带隙接近最佳值及少子寿命适宜且具有良好的迁移能力等特性[15-16]。这些特性使GaAs的效率是硅的2倍,成为制造太阳能电池的极佳候选材料(图4.9)[13]。在各种材料系统中,基于GaAs的太阳能电池是目前转换效率的保持者,实验室电池和模块的功率转换效率分别为28.8%和24.1%[22-23]。与硅的商用范围广泛相比,GaAs太阳能电池的主要缺点在于相比于同质量的Si电池的边际成本,这种电池的外延层或达到组件质量的基板的生产成本高。其中很大原因是GaAs晶体不完美、存在不良杂质等因素降低了组件的效率,使其无法用低成本技术制备[15]。价格等因素限制了GaAs太阳能电池的推广应用,尤其是在一些重要领域中(例如,需要更高效率、更好抗辐射能力和更优功率/质量比的空间通信领域)。据报道,通过对GaAs晶圆进行再利用可以开发出更具有成本效益的GaAs太阳能电池生产工艺[15、32-33],但尚未批量生产应用[16]。

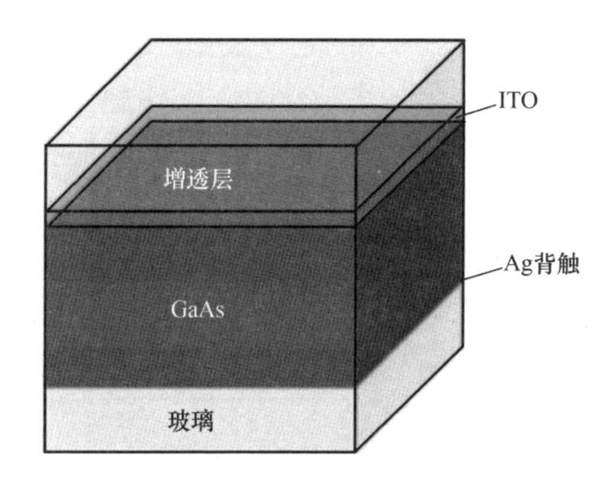

图4.9 GaAs太阳能电池横截面

4.2.3.4 多结(MJ)太阳能电池

多结(Multi-Junction,MJ)太阳能电池由多个PN结太阳能电池组成,这些PN结由不同的半导体材料制成(图4.10),每种PN结能在不同波长的光激励下产生电流。多种半导体材料的使用扩大了电池可吸收光的波长范围,提高了光电转换效率。传统的单结电池的最大理论效率为34%,而在高聚光条件下,无限结点太阳能电池的理论极限效率为86.8%[34]。

4.2.3.5 聚光光伏电池

与传统光伏系统相反,聚光光伏(Concentrating Photovoltaic,CPV)系统使用先进的光学系统将大面积的日光聚焦到面积小而效率高的多结太阳能电池上,达到

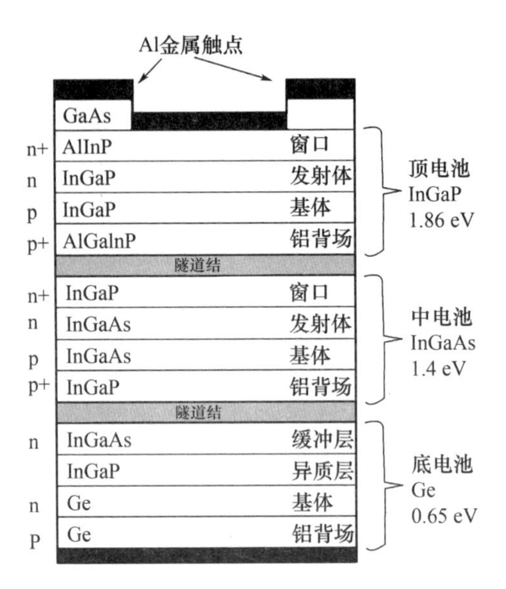

图 4.10　多结太阳能电池

最高效率(图 4.11)。高聚光光伏(High Concentrating Photovoltaic,HCPV)系统具有现有光伏技术的最高效率和较小的光伏阵列,周边系统的成本大大降低,具有潜在的竞争力。

图 4.11　聚光光伏电池

(经[30]许可转载,版权所有科学出版集团 2015)

4.2.4　第三代电池

4.2.4.1　染料敏化太阳能电池(DSSC)

染料敏化太阳能电池(Dye Sensitized Solar Cell,DSSC),有时也称为染料敏感电池(Dye Sensitised Cell,DSC),由 Michael Grätzel 教授和 Brian O'Regan 博士于 1991 年在瑞士洛桑理工学院(École Polytechnigue Fédérale de Lausanne,EPFL)发明,通常被称为格吕策尔电池。因为这种新型太阳能电池复制了自然界光能的转

换方式,在某种程度上可以将其看作人造光合装置。DSSC 是一种适应多种光照条件的技术,能够将人造光和自然光转化为电能,为多种电子设备供电,可用于室内和室外不同光照条件下发电。DSSC 是一种低成本薄膜太阳能电池,如图 4.12 所示,它的核心组件是在光敏阳极和电解质(光电子化学系统)之间形成的半导体。染料敏化太阳能电池具有许多特点:使用传统的印刷技术、半柔性、半透明、原材料成本低廉等。虽然 DSSC 的转换效率低于最好的薄膜电池,但从理论上讲,其性价比足以实现电网平价,并与化石燃料发电媲美。

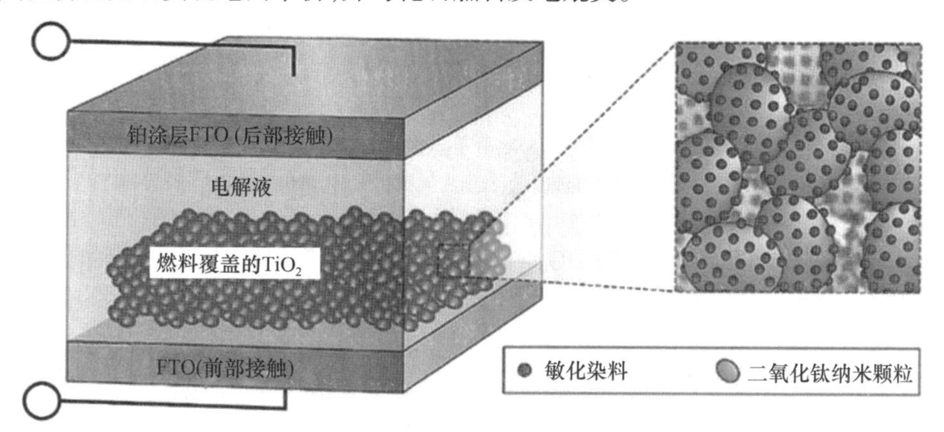

图 4.12　2DSSC 的原理图

(经[30]许可转载,版权所有科学出版集团 2015)

4.2.4.2　量子点敏化太阳能电池(QDSSC)

与 DSSC 类似,量子点敏化太阳能电池(Quantum Dot Sensitized Solar Cell, QDSSC)由量子点敏感光电极组成,正负电极间用液体电解质分离,如图 4.13 所示。一般来说,具有纳米结构(如纳米颗粒、纳米棒、纳米线、纳米管和反向蛋白石)的宽带隙金属氧化物(TiO_2、ZnO 和 SnO_2,在下文中以 TiO_2 为例)可用作 QDSSC 中的光电极。量子点采用两种原位生长方法,即化学浴沉积和连续离子层吸附生长法,以及直接吸附法或连接分子辅助法沉积预先合成[35-37]。一些量子点(如 CdS、CdSe、CdTe、PbS、Sb_2S_3、$CuInS_2$、CdSeTe、$CuInSe_{1-x}S_x$)和核壳结构或双层量子点(如 CdSe/CdTe、ZnTe/CdSe、CdS/CdSe、PbS/CdS)已在量子点敏化太阳能电池中作为敏感剂使用[35]。水性聚硫酸盐溶液是应用最广泛的量子点敏化太阳能电池电解质。一些固态空穴输运材料(Hole Transport Material, HTM)(如 P3HT、Spiro - OMeTAD 和 CuSCN)也用作量子点敏化太阳能电池中的孔净化和运输层[38,39]。对于聚硫化电解质,常用硫化亚铜(Cu_2S)作负极,而对于固态 HTM,通常用金和银做电极。

4.2.4.3　聚合物太阳能电池

聚合物太阳能电池使用有机材料(如偶联聚合物)作为吸光材料,如图 4.14

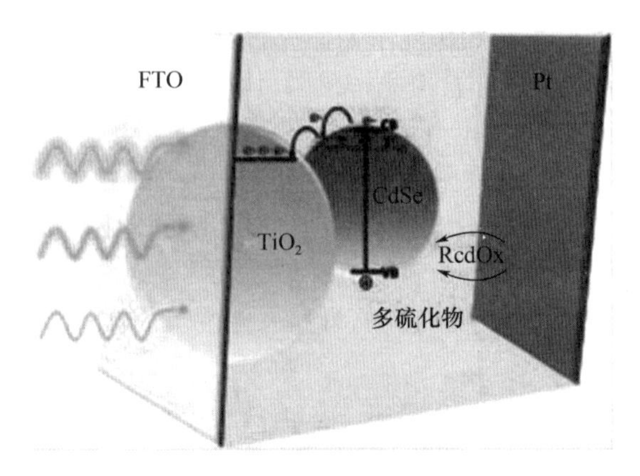

图 4.13　基于 CsSe 量子点的 QDSSC 原理图

（经[40]许可转载，版权所有美国化学学会 2011）

所示，其基本原理与其他太阳能电池相同。聚合物在掺杂碘后能够转移电子，于是诞生一个新的研究领域：聚合物太阳能电池。聚合物太阳能电池潜在的优势是可以利用溶液制备，这意味着可以使用印刷法或涂搽法，而不需要像第一代硅太阳能电池那样使用昂贵的真空沉积法。聚合物太阳能电池包括有机太阳能电池（也称为塑料太阳能电池），与硅基电池相比，聚合物太阳能电池具有质量轻（这对小型自主传感器非常重要）、生产中易于一次性（有时使用印刷电子技术）、成本低廉、柔韧性好、在分子水平上可自主设计及对环境造成的不利影响少等优点。聚合物太阳能电池具有透明特性，适合在窗户、墙壁、柔性电子装置等领域应用。

4.2.4.4　钙钛矿太阳能电池

太阳能电池家族的一个新成员是钙钛矿有机－无机卤化物太阳能电池，具有成本低、效率高和结构简单的特点，在被发明后的几年内得到迅速发展[42]。钙钛矿电池使用固态有机空穴输运材料，转换效率从 9.7%[43] 提高到 22.1%[44]，并成为第三代太阳能电池的最佳候选产品。迄今为止，有机金属三卤化物钙钛矿 $CH_3NH_3PbX_3$（X 是碘或碘、氯和溴的复合物）因其吸收波长范围广、消光系数高[46]、机制是两极电荷传输[47]、电子－空穴扩散长度长[48]等优点，被认为是太阳能转换材料中最有前途的光吸收材料[45]。如图 4.15 所示，吸光使得光生电子－空穴对在钙钛矿吸收层内产生并分离，然后根据电荷属性选择与 n 型或 p 型输送层结合，实现在最小的复合损失条件下高效提取和输运。

4.3　太阳能电池设备物理

4.3.1　光伏的基本物理过程

光伏能量转换所需的 4 个基本步骤如下。

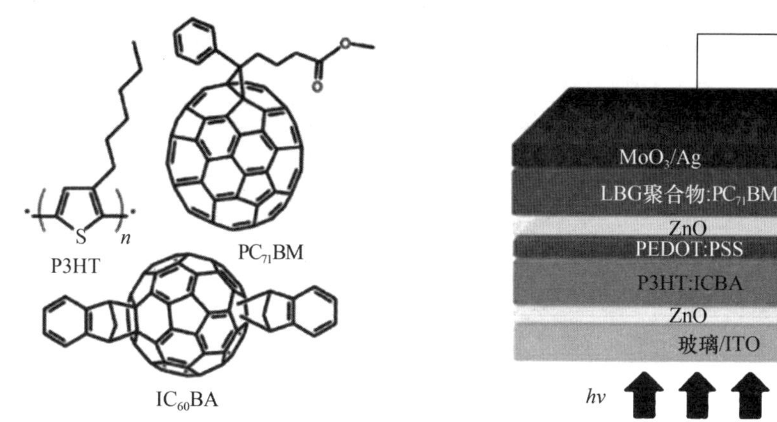

(a) P3HT、$IC_{60}BA$和$PC_{71}BM$的化学结构

(b) 倒置串联太阳能电池的器件结构

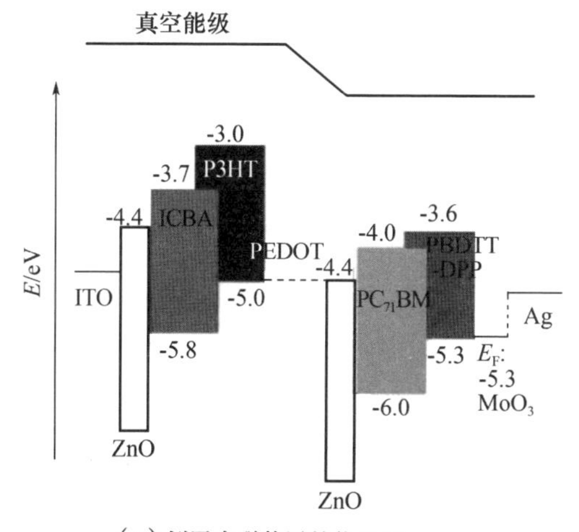

(c) 倒置串联装置的能量图

图 4.14　串联聚合太阳能电池

(经[41]许可转载,版权所有自然出版集团 2012)

(1)光吸收过程,电子(吸收体)从基态跃迁到激发态。

(2)将激发态转换为(至少)一对由一个自由负电荷和一个自由正电荷组成的载流子对。

(3)一种分类传输机制,生成的自由负电荷载流子向一个方向移动(与阴极结合),而自由正电荷载流子向另一个方向移动(与阳极结合)。光生负电荷载流子到达阴极后产生电子,电子通过外部电路传输并在推动负载做功时消耗了能量,最后回到电池的正极。在正极,每个返回的电子完成光伏能量转换的步骤(4)。

(4)到达电池正极的电子与正电荷载流子相结合形成闭合回路,从而使材料(吸收体)回到基态。

在某些材料中,激发态可能产生光生自由电子-自由空穴对,此时步骤(1)和

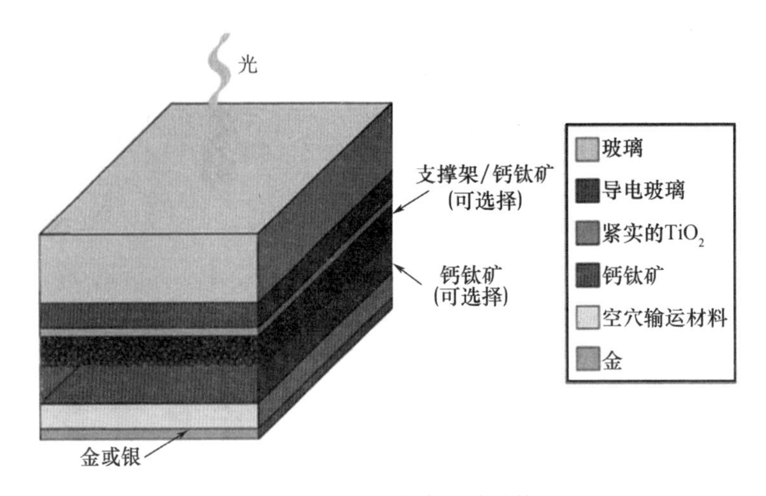

图 4.15 钙钛矿太阳能电池的结构原理

(经[49]许可转载,版权所有自然出版集团 2012)

步骤(2)合并。在某些材料中,激发态可能是一个点(激发点),此时步骤(1)和步骤(2)是不同的。

了解这 4 个分解步骤有助于改进各种人造光伏设备。下面将简要介绍几种有代表性的太阳能电池的工作原理。

4.3.2 硅太阳能电池

在晶圆太阳能电池上实现电子和空穴选择性接触的方法有多种,传统方法是在晶圆两个表面附近引入高浓度的掺杂。图 4.16 是基于 p 型晶体硅太阳能电池的结构原理图。前面为磷扩散区域,后面为铝掺杂区域。对于典型的掺杂同源硅太阳能电池,p 型材料的选择既有历史原因,也有技术原因。20 世纪 50 年代,硅太阳能电池首次实现应用,为卫星提供动力。当时与 n 型电池相比,p 型电池的特性提高了其空间辐射强度[50,51]。

图 4.17(a)是这种硅太阳能电池的平衡能带图。两个扩散区域附近的能带弯曲表明:①电子和空穴的浓度随位置(可描述为其化学电位梯度)的变化很大;②有电场(据能带梯度证明)存在。这两种力(即化学势和电势的梯度)大小相等,方向相反,因此对于载流子没有净作用力也没有净移动,费米能量E_F用常数表示。图 4.17(b)显示,由于日光照明产生的载流子浓度过高,费米能级在最大功率点处分裂为两个准费米能级。虽然在图 4.17(b)中无法区分,但准费米能级的极小梯度驱动电子向左运动,空穴向右运动。从图 4.17(c)中可以看出两种电荷载流子发生这种定向流动的原因,左侧(n^+区域)电子电导率比空穴电导率高出几个数量级,右侧(p^+区域)空穴电导率比电子电导率高出几个数量级。输出功率受到后面吸收体区域接触金属的复合限制以及前端磷扩散的影响,在其表面损失较大。

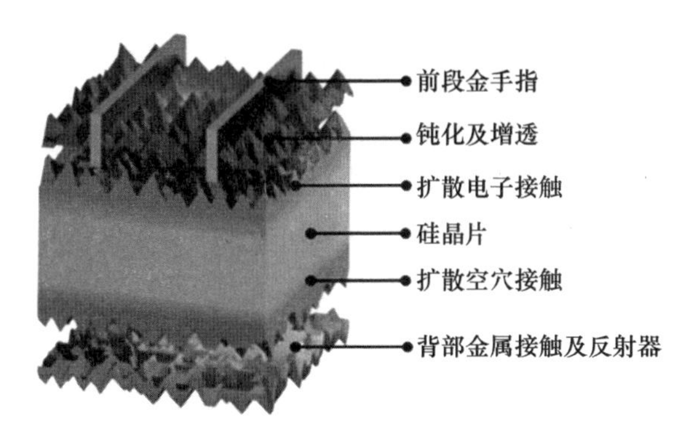

图 4.16　典型掺杂硅同源太阳能电池组件的原理

（纹理 p 型硅晶片中产生的电子和空穴是通过磷掺杂（正面）和铝掺杂（背面）区域提取的，前表面因氢化非晶硅氮化而钝化，同时也作为抗反射涂层。铝用作后接触，在燃烧过程中用作掺杂来源。转载自[52]，版权所有英国皇家化学学会 2016）

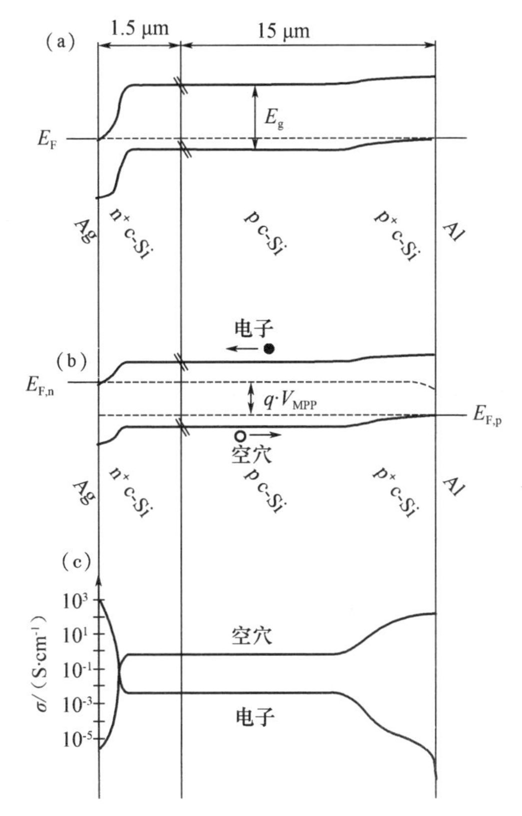

图 4.17　标准 n^+pp^+ 硅太阳能电池（a）处于平衡状态和（b）在最大功率点的能带图及（c）最大功率点处的电子和空穴电导，表示 n + 和 p + 区域分别优先传输电子和空穴

（使用程序 PC1D（p 型晶圆掺杂 1×10^{16} cm^{-3} 硼原子，表面浓度为 1×10^{20} cm^{-3} 和深度 0.36 μm 的前 n^+ 磷扩散，以及背面 p^+ 铝掺杂区域，表面浓度为 1×10^{19} cm^{-3}，深度为 5 μm）对曲线进行建模（转载自[52]，版权所有英国皇家化学学会 2016））

4.3.3 染料敏化太阳能电池

图4.18是DSSC的原理图。该系统由四个主要部分组成:①沉积在透明导电玻璃基板上的由中孔氧化物层(通常为 TiO_2)组成的光阳极;②黏附在 TiO_2 层表面的单层共价键染料敏化层,接受光并产生光电子;③有机溶剂中含有氧化还原耦合(通常为 I/I_3)的电解质,在负电极处收集电子并再生染料分子;④导电玻璃上沉积铂涂层制成的负电极。

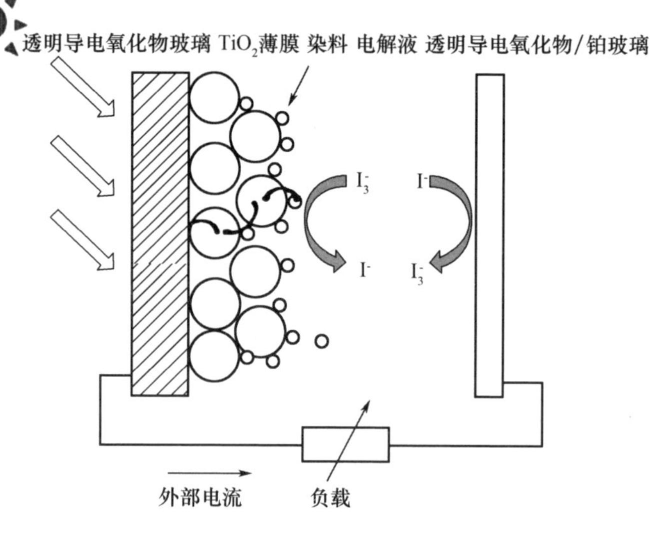

图4.18 染料敏化太阳能电池的原理图

(转载自[53],版权所有埃尔塞维尔2012)

当日光照射到太阳能电池上时,TiO_2 表面的染料敏化层受到激发,电子被激发到 TiO_2 导带。在 TiO_2 薄膜中,激发出的电子通过中孔膜扩散到阳极,并推动外部负载做有用功。最后,为了完成这个循环,这些电子在电解质中被阴极收集,而阴极处电解质又还原为染料敏化剂。

4.3.4 量子点敏化太阳能电池

如图4.19(a)所示,量子点敏化太阳能电池吸收光后产生电子-空穴对,光电子注入金属氧化物电极,然后输运到阳极(透明导电电极);被氧化的量子点通过电解质(孔清除介质)还原,在负极处的氧化物被还原。图4.19(b)显示了在 TiO_2/QD/电解质界面上可能发生的电荷转移过程,包括光电子和空穴的注入(Injection,Inj)、捕获(Trapping,Trp)和结合(Recombination,Rec)[54]。可能的注入路径包括从最低未占用分子轨道(Lowest Unoccupied Molecular Orbital,LUMO)(Inj1)及电子捕获水平(Inj2)到 TiO_2 的电子注入路径和从最高占用分子轨道

(Highest Occupied Molecular Orbital, HOMO)(Inj3)和空穴捕获水平(Inj4)到电解质的空穴注入路径。可能的结合路径包括光电子和空穴在量子点中直接结合(Rec1)和通过捕获水平结合(Rec2),除了这两种内部结合路径外,注入 TiO_2 中的电子重新传输到量子点(Rec3,在QDTiO_2 界面)和电解质(Rec4,在 TiO_2/电解质界面),以及在量子点中光电子与氧化物电解质的结合(Rec5,在量子点/电解质界面处)[54]也是可能存在的结合路径。电荷传输过程对 QDSSC 的能量转换效率至关重要。每个界面的电荷结合都会降低电荷分离效率和电荷收集效率,从而导致光伏性能变差(即 J_{sc}降低,V_{oc}降低,FF 降低)。在 DSC 中缺少染料分子引起的量子点中,表面捕获状态是 QDSSC 中导致正负载流子结合增大和光伏性能变差的关键因素[55]。在过去几年中,人们在 QDSSC 研究中采用了许多策略,如钝化量子点和光电极的表面/界面,以及使用核壳量子点或双层量子点作为敏化剂,以抑制电子-空穴的结合和减少捕获和改进电子和空穴的注入。

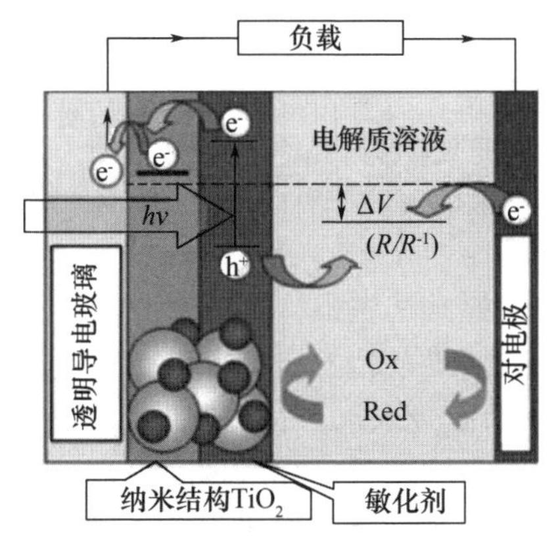

(a)量子点敏化太阳能电池的工作原理和配置

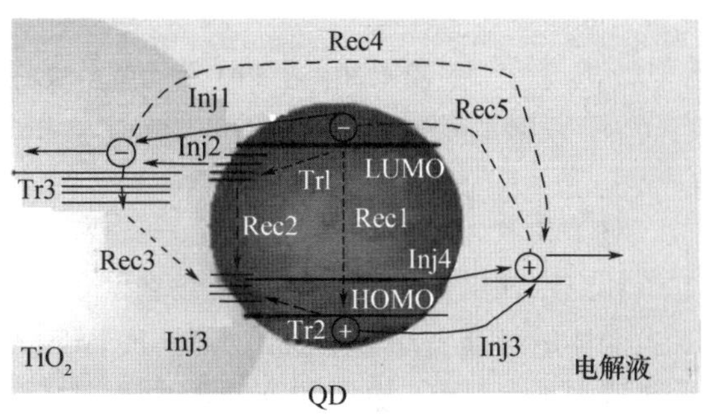

(b)TiO_2/QD/电解质界面可能发生的电荷转移过程,包括注入(Inj)、捕获(Trp)和结合(Rec)的光生载流子

图 4.19　量子点敏化太阳能电池工作原理

(经[56]许可转载,版权所有 SPIE 2016)

4.3.5　共轭聚合物太阳能电池

有机材料中主要光激发不会直接并定量地产生自由载流子,而是结合 EPS 形成激子。据估计,在共轭聚合物中只有 10% 的光激发能产生自由电荷载流子[32-58]。为了有效分离激子,可通过在外部及界面处附加局部强电场。事实上,在能量发生突变的界面上会产生强大的局部电场($E=-\mathrm{grad}\ U$),激子只要在其生命周期内到达该界面就能发生光生电荷的传输。因此,激子扩散长度决定了双层膜的厚度[33-59]。聚合物和有机半导体中的激子扩散长度通常为 10 ~ 20 nm[31-60]。激子扩散长度应与供体和受体分离长度的数量级相同,否则激子在

到达界面之前就会通过辐射或非辐射路径方式衰减，导致能量损失。所以，供体－受体型双层结构可以像传统的 PN 结一样工作（图 4.20）。采用带有电子受体的复合结聚合物（如富勒烯）是将光激子分解为自由电荷载流子的一种非常有效的方法。超快光物理研究表明，这种复合物中光生电荷的迁移发生在45 fs 的时间尺度上，这比其他竞争过程要快得多[34－61]。此外，这种复合物中的分离电荷在低温下处于介稳态。

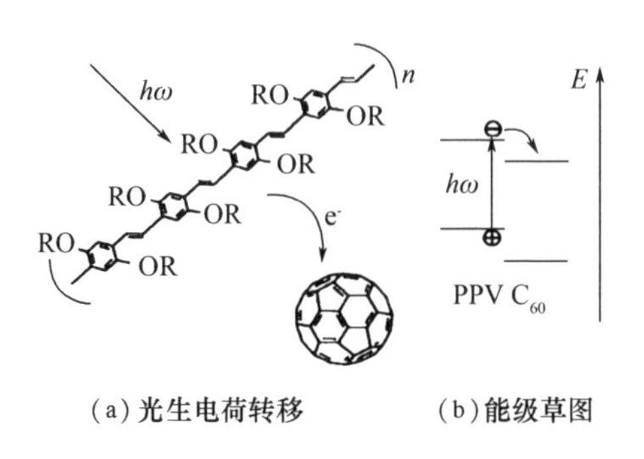

（a）光生电荷转移　　（b）能级草图

图 4.20　在 PPV 聚合物中激发后，电子被转移到 C_{60}

（转载自［61］，版权所有美国化学学会 2007）

对于高效光伏组件，电荷载流子需要驱动力才能到达电极。第一个驱动力是电子和空穴在供体－受体结合处建立了化学势梯度（掺杂相的准费米水平），此梯度由受体的最高占用分子轨道水平（HOMO，空穴的准费米水平）与最低未占用分子轨道水平（LUMO，电子的准费米水平）之间的差值决定，其内部电场决定最大开路电压（V_{oc}），并影响电荷载流子的场致漂移。另一个驱动力是各类电荷的浓度梯度，该梯度会产生扩散电流。电荷的输运受电极复合过程的影响，特别是在电子和空穴的输运介质所用材料相同时[33－59]。在最后一步，通过两个选择性触点完成从设备中提取电荷载流子。透明铟锡氧化物（Indium Tin Oxide，ITO）与大多数共轭聚合物的 HOMO（空穴接触）相匹配，蒸发的铝金属触点的工作阈值约为 4.3 eV，与另一侧的受体 PCBM（电子接触）的 LUMO 相匹配。

4.3.6　钙钛矿太阳能电池

在钙钛矿结构与 TiO_2 和空穴输运材料（HTM）连接时，钙钛矿太阳能电池主要电荷会发生分离。钙钛矿结构中超快电子的光激发和空穴注入发生时间的尺度相近[62]。在光激发后，钙钛矿结构中的 EHP 几乎瞬间生成，并在约 2 ps 中快速分离，形成寿命可达微秒级的电子和空穴。

对于钙钛矿/介孔 TiO_2 复合物，从钙钛矿到 TiO_2 的电子注入发生在亚皮秒范围内，但 TiO_2 中固有的低电子迁移率使得电荷传输不平衡[63,64]。沉积在介孔

TiO_2 上的钙钛矿结构中的电荷载流子的迁移率主要受空穴影响。相比之下，沉积在介孔 Al_2O_3 上的钙钛矿结构表现出的迁移率低于在介孔 TiO_2 上迁移率的 50%，但在空穴和电子平衡范围内。所有这些报告都证实了钙钛矿结构中电荷转移/分离同时抑制电荷复合的优越性，包括极浅的捕获深度(10 meV)和较低的捕获状态浓度[65]。

根据强度调制光电流/光电压图谱，固态介观结构 PSC 中的载流子输运和复合与固态 DSSC 中的载流子输运和复合相似[52-66]。在这些介孔 PSC 中，TiO_2 网络中钙钛矿结构孔隙的填充率较小，钙钛矿电池中的电荷输运以 TiO_2 介孔网络中的电子传导为主(图 4.21(a))。人们发现介孔 PSC 中的电荷扩散长度超过 1 μm[66]。在类似的 TiO_2 基介孔太阳能电池中，多种钙钛矿结构复合物通过钙钛矿结构一步液相沉积工艺制备，且具有相似的钙钛矿结构孔隙填充率，其电子扩散系数和复合寿命均受底层介孔 TiO_2 薄膜控制，如图 4.21(b)[67]所示。然而，当使用 PbI_2 涂层代替钙钛矿涂层时，该组件的扩散系数比钙钛矿组件慢 5 倍[67]。有趣的是，当 $MAPbI_3$ 钙钛矿结构通过两步法沉积时，如果 PbI_2 前驱体溶液浓度不同，在图 4.21(c)中的电子输运特性对 PbI_2 浓度会显示出明显的依赖性。这表明输运不再由底层介孔 TiO_2 网络主导[68]。造成这种浓度依赖性的原因可能与钙钛矿结构和 TiO_2 之间界面接触的孔隙填充率不同有关。Snaith 等人发现，钙钛矿结构层本身可以阻断 TiO_2 和 HTM[69]之间的主要复合路径。

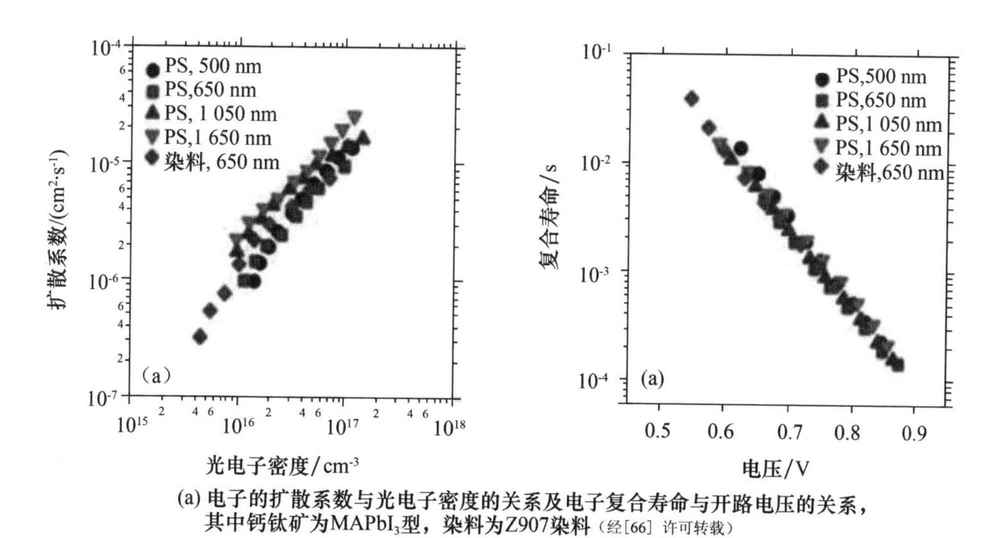

(a) 电子的扩散系数与光电子密度的关系及电子复合寿命与开路电压的关系，其中钙钛矿为 $MAPbI_3$ 型，染料为Z907染料（经[66] 许可转载）

图 4.21　不同因素对钙钛矿电池性能的影响

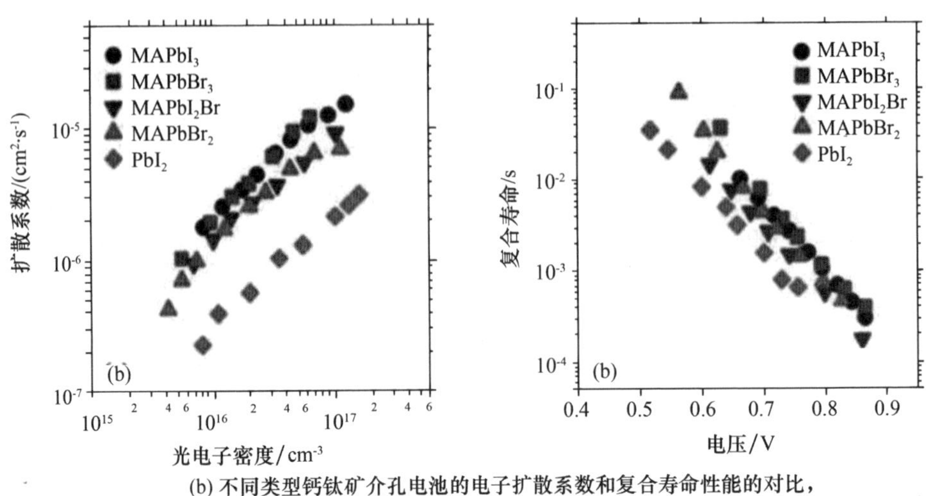

(b) 不同类型钙钛矿介孔电池的电子扩散系数和复合寿命性能的对比，这些电池均以PbI_2为基体（经[67]许可转载）

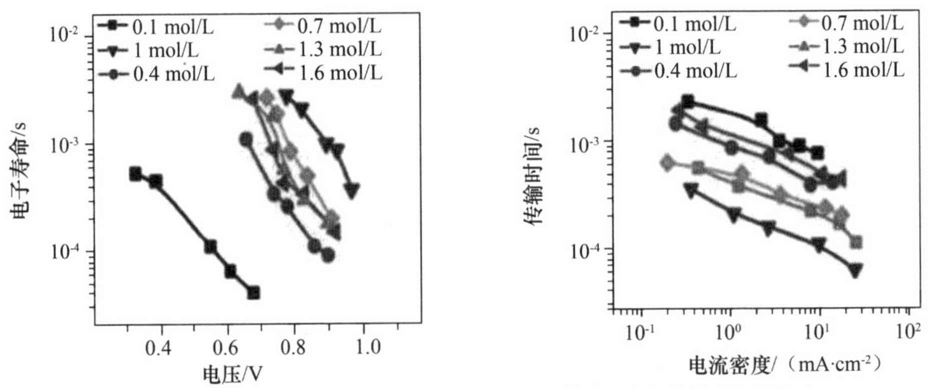

(c) $MAPbI_3$基钙钛矿太阳能电池的电子寿命以及电荷传输时间的性质，这些电池通过不同浓度的PbI_2前驱体制备（经[68]许可转载）

续图 4.21

4.4 本章小结

本章回顾了光伏转换的控制机制，并参照三代太阳能电池阐述了光伏的物理原理及如何在实际组件（电池和模块）中实现光伏转换。三代太阳能电池包括从块体电池（主要基于单晶硅和多晶硅）到薄膜电池（包括 CdTe、非晶硅和 CZTS）再到染料敏化电池，从完全有机电池到钙钛矿电池。

关于光伏物理和光伏材料的更多细节请参考关于光伏物理的经典书籍[4-6]。

参考文献

[1] ASTM Standard, http://standards. globalspec. com/std/971343/astm - e490. E490. Accessed 27 Dec 1973

[2] ASTM Standard, https://www. astm. org/Standards/G173. htm. G173 - 03. Accessed 2012

[3] S. J. Fonash, *Homojunction Solar Cells* (Elsevier, 2010)

[4] J. Nelson, The Physics of Solar Cells, in Series on Properties of Semiconductor Materials (Imperial College Press, 2003)

[5] A. Luque, S. Hegedus, *Handbook of Photovoltaic Science and Engineering* (Wiley, 2011)

[6] P. Würfel, U. Würfel, *Physics of Solar Cells: From Basic Principles to Advanced Concepts* (Wiley, 2016)

[7] D. Frank, Newworld record for solar cell efficiency at 46% french - german cooperation confirms competitive advantage of european photovoltaic industry. Technical Report 14 March 2016

[8] Sharp Develops Solar Cell With World's Highest Conversion Efficiency of 35.8%, https://phys. org/. Accessed 3 June 2012

[9] SunPower, Sunpower tm x - series data sheet. Technical Report (2013)

[10] T. Ibn - Mohammed, S. Koh, I. Reaney, A. Acquaye, G. Schileo, K. Mustapha, R. Greenough, Renew. Sustain. Energy Rev. 80, 1321 (2017)

[11] J. Zhao, A. Wang, M. A. Green, Prog. Photovolt. Res. Appl. 7(6), 471 (1999)

[12] M. A. Green, Prog. Photovolt. Res. Appl. 17(3), 183 (2009)

[13] Energy Initiative Massachusetts Institute of Technology, *The future of solar energy - an interdisciplinary mit study*. Technical Report. Accessed 2015

[14] J. Kilner, S. Skinner, S. Irvine, P. Edwards, *Functional materials for sustainable energy applications* (Woodhead Publishing Limited, 2012)

[15] R. Miles, K. Hynes, I. Forbes, Prog. Cryst. Growth Charact. Mater 51(1 - 3), 1 (2005)

[16] J. Jean, P. R. Brown, R. L. Jaffe, T. Buonassisi, V. Bulović, Energy Environ. Sci. 8(4), 1200 (2015)

[17] Y. Zhou (ed.), *Eco - and Renewable Energy Materials* (Springer, 2013)

[18] A. Metz, M. Fischer, G. Xing, L. Yong, S. Julsrud, *International technology roadmap for photovoltaic (itrpv)*. Technical Report. Accessed Mar 2013

[19]A. Goodrich, P. Hacke, Q. Wang, B. Sopori, R. Margolis, T. L. James, M. Woodhouse, Sol. Energy Mater. Sol. Cells 114, 110 (2013)
[20]M. A. Green, Sol. Energy 74(3), 181 (2003)
[21] M. A. Green, *Solar cells: operating principles, technology, and system applications* (Prentice – Hall Inc, Englewood Cliffs, 1982)
[22]L. Kazmerski, *Best research cell efficiencies*. Technical Report. Accessed 2010
[23]M. A. Green, K. Emery, Y. Hishikawa, W. Warta, E. D. Dunlop, Prog. Photovolt. Res. Appl. 23(1), 1 (2014)
[24]D. L. Staebler, C. R. Wronski, Appl. Phys. Lett. 31(4), 292 (1977)
[25] C. A. Wolden, J. Kurtin, J. B. Baxter, I. Repins, S. E. Shaheen, J. T. Torvik, A. A. Rockett, V. M. Fthenakis, E. S. Aydil, J. Vac. Sci. Technol. A Vac. Surf. Films 29(3), 030801 (2011)
[26]J. Peng, L. Lu, H. Yang, Renew. Sustain. Energy Rev. 19, 255 (2013)
[27]M. M. de Wild – Scholten, Sol. Energy Mater. Sol Cells 119, 296 (2013)
[28]V. M. Fthenakis, Renew. Sustain. Energy Rev. 8, 303 (2004)
[29]Fraunhofer ISE, Photovoltaics report. Technical Report (2014)
[30]A. M. Bagher, M. M. A. Vahid, M. Mohsen, Am. J. Opt. Photonics 3, 94 (2015)
[31]I. Repins, M. A. Contreras, B. Egaas, C. DeHart, J. Scharf, C. L. Perkins, B. To, R. Noufi, Prog. Photovolt. Res Appl. 16(3), 235 (2008)
[32]E. Yablonovitch, T. Gmitter, J. P. Harbison, R. Bhat, Appl. Phys. Lett. 51 (26), 2222 (1987)
[33]F. Cucchiella, I. DAdamo, P. Rosa. Renew. Sustain. Energy Rev. 47, 552 (2015)
[34]M. Green, *The Physics of Solar Cells: Third Generation Photovoltaics* (Imperial College Press, New York, 2003)
[35]K. Zhao, Z. Pan, X. Zhong, J. Phys. Chem. Lett. 7(3), 406 (2016)
[36]C. H. Chang, Y. L. Lee, Appl. Phys. Lett. 91(5), 053503 (2007)
[37]H. Lee, M. Wang, P. Chen, D. R. Gamelin, S. M. Zakeeruddin, M. Gratzel, M. K. Nazeeruddin, Nano Lett. 9(12), 4221 (2009)
[38] H. S. Kim, J. W. Lee, N. Yantara, P. P. Boix, S. A. Kulkarni, S. Mhaisalkar, M. Grtzel, N. G. Park, Nano Lett. 13(6), 2412 (2013)
[39]P. P. Boix, G. Larramona, A. Jacob, B. Delatouche, I. Mora – Seró, J. Bisquert, J. Phys. Chem. C 116(1), 1579 (2012)
[40]M. Shalom, Z. Tachan, Y. Bouhadana, H. N. Barad, A. Zaban, J. Phys. Chem. Lett. 2(16), 1998 (2011)

[41]L. Dou, J. You, J. Yang, C. C. Chen, Y. He, S. Murase, T. Moriarty, K. Emery, G. Li, Y. Yang, Nat. Photonics 6(3), 180 (2012)

[42]J. Berry, T. Buonassisi, D. A. Egger, G. Hodes, L. Kronik, Y. L. Loo, I. Lubomirsky, S. R. Marder, Y. Mastai, J. S. Miller, D. B. Mitzi, Y. Paz, A. M. Rappe, I. Riess, B. Rybtchinski, O. Stafsudd, V. Stevanovic, M. F. Toney, D. Zitoun, A. Kahn, D. Ginley, D. Cahen, Adv. Mater. 27(35), 5102 (2015)

[43]H. S. Kim, C. R. Lee, J. H. Im, K. B. Lee, T. Moehl, A. Marchioro, S. J. Moon, R. Humphry - Baker, J. H. Yum, J. E. Moser, M. Grtzel, N. G. Park, Sci. Rep. 2(1) (2012)

[44]NREL, Research cell efficiency records. Technical Report. Accessed April 2016

[45]Y. Ogomi, A. Morita, S. Tsukamoto, T. Saitho, N. Fujikawa, Q. Shen, T. Toyoda, K. Yoshino, S. S. Pandey, T. Ma, S. Hayase, J. Phys. Chem. Lett. 5, 1004 (2014)

[46]S. Kazim, M. K. Nazeeruddin, M. Grätzel, S. Ahmad, Angew. Chemie Int. Ed. 53(11), 2812 (2014)

[47]J. M. Ball, M. M. Lee, A. Hey, H. J. Snaith, Energy Environ. Sci. 6(6), 1739 (2013)

[48]Q. Dong, Y. Fang, Y. Shao, P. Mulligan, J. Qiu, L. Cao, J. Huang, Science 347(6225), 967 (2015)

[49]M. A. Green, A. Ho - Baillie, H. J. Snaith, Nat. Photonics 8(7), 506 (2014)

[50] J. Mandelkorn, C. McAfee, J. Kesperis, L. Schwartz, W. Pharo, J. Electrochem. Soc. 109(4), 313 (1962)

[51] H. Flicker, J. J. Loferski, J. Scott - Monck, Phys. Rev. 128(6), 2557 (1962)

[52] C. Battaglia, A. Cuevas, S. D. Wolf, Energy Environ. Sci. 9(5), 1552 (2016)

[53]J. Gong, J. Liang, K. Sumathy, Renew. Sustain. Energy Rev. 16(8), 5848 (2012)

[54]I. Mora - Sero, J. Bisquert, J. Phys. Chem. Lett. 1(20), 3046 (2010)

[55]G. Hodes, J. Phys. Chem. C 112(46), 17778 (2008)

[56] T. Sogabe, Q. Shen, K. Yamaguchi, J. Photonics Energy 6(4), 040901 (2016)

[57]P. B. Miranda, D. Moses, A. J. Heeger, Phys. Rev. B 64(8) (2001)

[58]A. J. Mozer, N. S. Sariciftci, C. R. Chimie 9(5 - 6), 568 (2006)

[59]J. M. Nunzi, C. R. Phys. 3(4), 523 (2002)

[60] C. J. Brabec, G. Zerza, G. Cerullo, S. D. Silvestri, S. Luzzati, J. C. Hummelen, S. Sariciftci, Chem. Phys. Lett. 340(3-4), 232 (2001)
[61] S. Gnes, H. Neugebauer, N. S. Sariciftci, Chem. Rev. 107(4), 1324 (2007)
[62] A. Marchioro, J. Teuscher, D. Friedrich, M. Kunst, R. van de Krol, T. Moehl, M. Grtzel, J. E. Moser, Nat. Photonics 8(3), 250 (2014)
[63] L. Wang, C. McCleese, A. Kovalsky, Y. Zhao, C. Burda, J. Am. Chem. Soc. 136(35), 12205 (2014)
[64] C. S. Ponseca, T. J. Savenije, M. Abdellah, K. Zheng, A. Yartsev, T. Pascher, T. Harlang, P. Chabera, T. Pullerits, A. Stepanov, J. P. Wolf, V. Sundstrm, J. Am. Chem. Soc. 136(14), 5189 (2014)
[65] H. Oga, A. Saeki, Y. Ogomi, S. Hayase, S. Seki, J. Am. Chem. Soc. 136 (39), 13818 (2014)
[66] Y. Zhao, A. M. Nardes, K. Zhu, J. Phys. Chem. Lett. 5(3), 490 (2014)
[67] Y. Zhao, A. M. Nardes, K. Zhu, Faraday Discuss. 176, 301 (2014)
[68] D. Bi, A. M. El-Zohry, A. Hagfeldt, G. Boschloo, ACS Photonics 2(5), 589 (2015)
[69] T. Leijtens, B. Lauber, G. E. Eperon, S. D. Stranks, H. J. Snaith, J. Phys. Chem. Lett. 5(7), 1096 (2014)

第5章　太阳能光热复合发电理论

摘要：本章主要介绍太阳能电池与温差发电器结合的一般理论。首先将介绍太阳能光热复合发电系统的主要组成部分，详细分析各部分的特性及其对系统效率的影响。此外，考虑到能耗主要发生在光伏电池中，本章将专门针对太阳能电池内部产生的热量进行详细探讨。最后，温度敏感性是配对光伏电池和TEG时需要考虑的重要参数之一，因此本章还将对太阳能电池的温度敏感性进行评估。在本章中将提出太阳能光热复合发电系统的概念，在该系统中，热电组件和光伏组件之间进行热和电的传递。

5.1　系统描述

图5.1为太阳能光热复合发电(HTEPV)系统中太阳能电池(PV)和太阳能温差发电器(TEG)复合吸收光谱进行发电的工作机理。使用分光器(光耦合)在AM1.5G标准太阳能光谱下对硅太阳能电池性能进行检测，测得太阳能电池吸收了69.32%的太阳辐射能。太阳总辐射能中可直接用于温差发电的功率谱区仅占1.35%，其他功率输入主要来自光谱长波部分(约占28.55%)的能量转换。此论据为PV和TEG模块的有效组合提供了支持[1]。

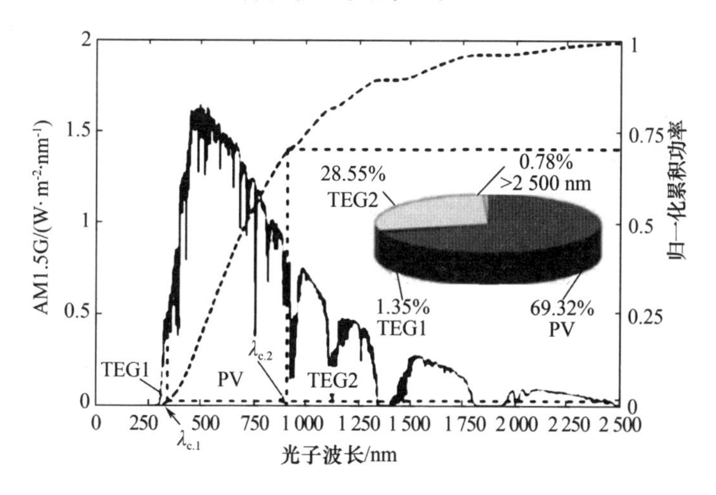

图5.1　大气质量为1.5 G时的局部光谱图

(其中PV和TEG组块的功率在4%时要接收其中三个区域的光能。辐射功率的计算经过了归一化累积求和，如图中虚线所示。饼状图：每个模块的转换功率所占比例[1])

HTEPVG 技术在原则上类似于第 3 章中讲到的 STEG 技术。该系统也可以划分出 5 个主要组件，即集光器、光热转换器、集热器、热电转换器和散热器。与 STEG 的唯一区别是，HTEPV 系统中的光热转换组件是太阳能电池。因此 HTEPV 发电机的主要优势在于光热转换材料也会产生一定的功率（P_{pv}），且该功率是整体输出功率的一部分。因此，整体效率η_{htepv}可以写成 TEG（η_{teg}）和 PV（η_{pv}）贡献的总和：

$$\eta_{htepv} = \eta_{pv} + \eta_{steg} = \frac{P_{pv}}{P_{in} A_{pv}} + \frac{P_{steg}}{P_{in} A_{pv}} \tag{5.1}$$

式中，A_{pv}是太阳能电池面积；P_{in}是（太阳能）输入功率；P_{pv}和P_{steg}分别是太阳能电池和 TEG 的输出功率。这里需要说明的是，式（5.1）仅适用于最简单的情况，即 PV 和 TEG 实现了热耦合，但在电方面相互独立。关于系统中 PV 和 TEG 两个部分的电耦合情况，也就是完全配对（完全配合）情况，将在稍后讨论（5.5 节）。

第 3 章中 STEG 系统使用的其他组件方案也适用于 HTEPV 发电机，只是光热转换器和电复合系统中不需要电绝缘层，因此，集光器可以是任何实现透镜和镜面功能的聚光系统。此外，集热器是平面或腔体，但应该具有与太阳能电池相同的面积。最后，散热方式分为自然散热和强制散热两种。

5.2 兼具高效光热转换功能的太阳能电池

太阳能电池确实可以非常有效地将太阳能转化为热能。事实上，大部分未转化为电能（即超过一半的输入功率）的太阳能转换成热量存储在电池中。转换分数可以用下面式子计算：

$$\xi_{pv} = 1 - (\eta_{pv} + R_{pv} + T_{pv}) \tag{5.2}$$

式中，ξ_{pv}是热量所占分数；R_{pv}和 T_{pv}分别是太阳能电池反射和透射部分的太阳能功率分数。根据相关报道[2-7]，太阳能设备中产生的热量源于以下机制（表5.1）。

（1）杂散光子吸收损耗（例如，由于接触网格阴影和辐射反射）（L_1）。

（2）太阳光谱的间隙部分（L_{2a}）、载流子热化（L_{2b}）造成的能源吸收失配损耗（L_2）。

（3）电子－空穴复合造成的电流损耗（L_3）。

（4）电子－空穴复合造成的电压损耗（L_4）。

最近 Lorenzi 等人报告了一种用于测量太阳能电池中各种热损失比例的模型和实验方法，并将其应用于三种无机太阳能电池。结果发现，PV 中高达 85% 的能量损失为热量损失，此外，该模型还证明了在单结太阳能电池中，能隙协调了 L_{2a}和 L_{2b}之间的平衡；多结电池非常有效地实现了 L_{2a}的最小化，不过无法显著减小 L_{2b}和 L_4。图 5.2 展示了三种电池的热损失与太阳能电池效率之间的关系。

表 5.1　由太阳能供电的 HTEPV 设备的能量损耗[7]

1. 杂散光子吸收损耗(L_1)	(a)接触网格阴影(L_{1a})
	(b)反射(L_{1b})
	(c)伪吸收(L_{1c})
2. 能源吸收体失配损失(L_2)	(a)$E < E_g$而未被吸收的光子
	(b)热载流子热化($E > E_g$时的光子)
3. 电子 - 空穴复合造成的电流损耗(L_3)	(a)辐射复合
	(b)非辐射复合
	(c)电力分流
4. 电子 - 空穴复合造成的电压损耗(L_4)①	电压损耗,机理同 L_3

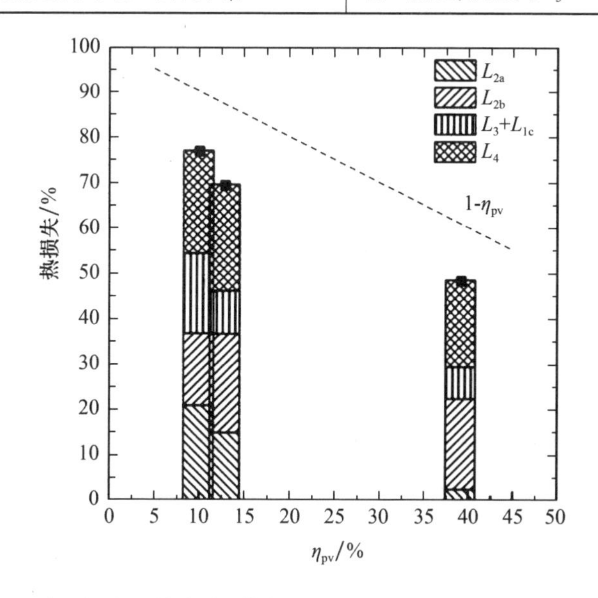

图 5.2　三种无机太阳能电池(块状硅、CIGS 薄膜和三结)的热损失直方图

(经[8]许可转载)

太阳能电池原则上是很好的光热转换材料,然而其热辐射率高达 0.7 ~ 0.9[9-12],高辐射热交换会显著降低其光热转换效率η_{otconv}[见式(3.2)]。

热镜(Heat Mirror,HM)由一层或多层材料组成。理想的 HM 在应该在光伏吸收器的工作光谱区域中表现出高透过率,同时在红外范围内表现出高反射率,这样有助于减少热辐射。半导体高透过率和高反射率之间的转换门槛值等于材料的等离子体频率。适合制备 HM 的材料主要是透明导电氧化物(Transparent

① 译者注:原文没有电压,疑缺失。

Conductive Oxides,TCO),用于太阳能电池中的透明导电前端触点[15]或作为太阳能光热复合发电机的分光器[16,18],其中热门材料有 In:SnO_2(ITO)[13]和 Al:ZnO(AZO)[14]。

使用 HM 时,太阳能电池的发射率ε_{pv}的计算式将改写为

$$\varepsilon'_{pv} = \varepsilon_{pv}(1 - \eta^{r}_{hm}) \tag{5.3}$$

式中,η^{r}_{hm}是对来自太阳能电池热量的背面反射率:

$$\eta^{r}_{hm} = \left(\frac{\int R_{hm}(\lambda)\,d\lambda}{\int d\lambda}\right)_{ir} \tag{5.4}$$

式中,$R_{hm}(\lambda)$是 HM 反射率;下标“ir”表示在 2 500 ~ 30 000 nm 的波长范围内的积分。一般材料的透过率都小于 1,因此使用 HM 会减少传入的太阳能。那么,整体 HM 的太阳光谱传输效率定义为

$$\tau_{hm} = \left(\frac{\int T_{hm}(\lambda)\,d\lambda}{\int d\lambda}\right)_{sun} \tag{5.5}$$

式中,T_{hm}是 HM 透过率;下标“sun”表示在 250 ~ 2 500 nm 的波长范围内积分。

5.3 HTEPV 的效率

既然 HTEPVG 和 STEG 的方案类似,那么 TEG 阶段的效率可以通过式(5.1)和式(3.12)联立得到:

$$\eta_{htepv} = \eta_{pv} + \eta_{steg} = \eta_{pv} + \eta_{opt}\,\eta_{ot}\,\eta_{teg}\,\eta_{diss} \tag{5.6}$$

不仅η_{ot}一项,式(5.6)RHS 中的第二项整体都可以像 STEG 中一样计算[参见式(3.5)],对 HTEPVG 的评估须依照式(5.5)计算 HM 传输τ_{hm}。此外,ε_{otconv}也必须替换为包含 HM 的热反射特性的ε'_{pv}。最后,考虑到部分太阳能被太阳能电池转化为电能[参见式(5.2)],HTEPVG 中的光热效率应为

$$\eta_{ot} = \alpha_{otconv}\,\tau_{enc}\,\tau_{hm}[1 - (\eta_{pv} + R_{pv} + T_{pv})] - \frac{\sigma A_{abs}[\varepsilon'_{pv}(T_h^4 - T_a^4) + \varepsilon_{thcol'}(T_h^4 - T_c^4)]}{CP_{in}\,\tau_{opt}A_{opt}} \tag{5.7}$$

这里,假设太阳能电池与 TEG 高温端的温度相同,即 $T_{pv} = T_h$,且在 STEG 情况下,利用式(3.4)计算 HTEPVG 的$\varepsilon_{thcol'}$。

比较式(5.7)和式(3.5)可知,HTEPVG 中输入功率减少了。因此,只要光伏产生的功率弥补了输入功率的降低,HTEPV 系统就可以比 STEG 更有优势。

因为η_{pv}取决于聚光能力 C 和温度 $T_{pv} = T_h$,对于式(5.6)中第一项,根据相关文献,太阳能电池的效率与 C 的对数成正相关[19],与 T_h 呈线性负相关[6,20,21]。因此有[22]

$$\eta_{pv} = \eta_{pv}^{0} + \eta_{pv-cond} \tag{5.8}$$

式中，η_{pv}^{0}是在 $C=1$ 且 $T_h=300$ K 条件下的光伏效率。

$$\eta_{pv-cond} = \eta_{pv}^{0}[\beta_{op}\log C - \beta_{th}(T_h - T_a)] \tag{5.9}$$

式中，β_{op}和β_{th}分别是光学聚焦系数和温度系数，后者又取决于聚焦程度：

$$\beta_{th} = \beta_{th}^{0}(1 - \zeta\log C) \tag{5.10}$$

式中，β_{th}^{0}是 $C=1$ 时的温度系数；ζ 是β_{th}的聚焦系数。

因为太阳能电池温度敏感性源于载流子的复合，而光学聚焦增加了载流子注入，因此，在光学聚焦系统中太阳能电池的温度灵敏度较小[23]。

从式(5.9)中可以直接得出以下结论：β_{th}的值越小，光伏效率越高，HTEPVG 效率也越高。关于β_{th}对光伏材料特性的依赖性将在 5.4 节中进一步讨论。

HTEPVG 中有些η_{htepv}的分项[式(5.6)中的η_{pv}，η_{teg}和η_{ot}]与温度相关(图 5.3)，这一点与 STEG 一样。由此可知，HTEPVG 的效率必有最大值且高于单一光伏电池的效率。STEG 的最大值对应于最佳工作温度 T_h，但 HTEPVG 中并不是总能实现这个最大效率。如 6.3 节所述，在大多数光伏电池中，β_{th}的值因为太大被禁用，在这种情况下，热电复合不会带来任何好处，必须考虑替代解决方案(如冷却或热水热电联产)。

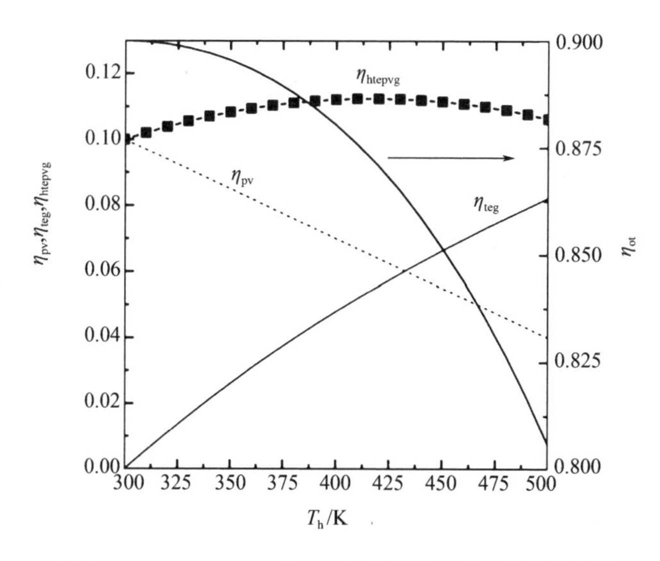

图 5.3　η_{htepv}，η_{pv}，η_{teg}和 η_{ot}与热端温度 T_h 的关系曲线

5.4　光伏温度灵敏度

利用温度线性系数β_{th}可以模拟太阳能电池的温度灵敏度。Virtuani 等人[21]报

道了几种材料在无聚光情况下（$C=1$ 和β_{th}^0）β_{th}的实验测定结果，表明光伏组件的温度敏感度主要受载流子复合的影响，太阳能电池吸收器的能隙（E_g）越高，对温度的敏感度越低。

载流子复合分为辐射性复合和非辐射性复合两类。辐射复合包括光子吸收产生的电子－空穴对的湮灭，以及随后光子（能量等于或小于吸收光子）的发射。非辐射复合也涉及电子－空穴对湮灭，但不发射光子。此时，能量被转移到另一个载流子（俄歇复合）或转换为热量，比如被陷阱或者带隙中的杂质能级捕获（Shockley－Read－Hall，SHR 复合）。因此，载流子复合（以及光伏电池的温度灵敏度）主要受 E_g 和材料性能影响。

一般来说，E_g 依赖于温度（通过晶格膨胀），因此，太阳能电池温度的变化也会引起 E_g 的变化，反过来导致β_{th}^0的变化，因此β_{th}^0的这种变化应该是温度的二阶导数，影响可以忽略不计。

材料的性能不可忽视。Green[24] 引入了外部辐射效率（External Radiative Efficiency，ERE）模拟非辐射复合。ERE 为辐射复合导致的复合电流与非辐射复合导致的复合电流之间比。因此，ERE＝1 表示太阳能电池仅发生辐射复合，而非常小的 ERE 由非辐射复合主导。

Dupré 等人设计了太阳能电池的热模型并讨论了β_{th}^0对 E_g 和 ERE 的依赖性[6,25]，如图 5.4 所示。他们指出热电复合的便利性在能隙大、以无缺陷材料为基础的太阳能电池中体现得更明显，这一点和 Lorenzi 等人[7]所报道的一致。图 5.5 所示的 HTEPV 效率计算结果也与该结论一致，图中的效率标准化为 300 K 时单一光伏效率。

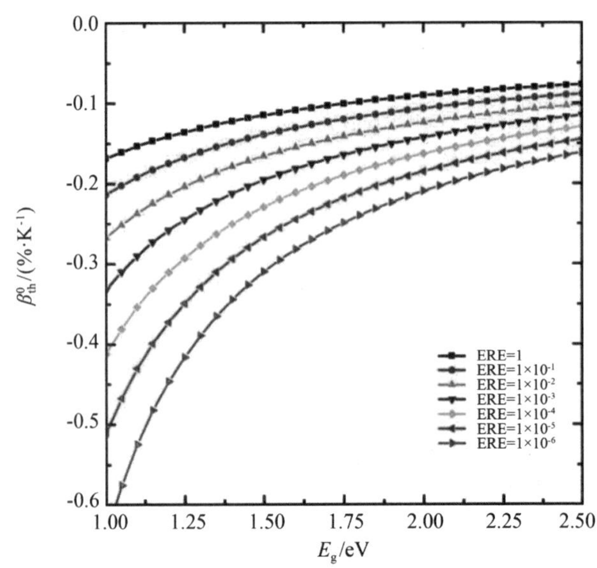

图 5.4　β_{th}^0同 E_g 和外辐射效率之间的依赖关系

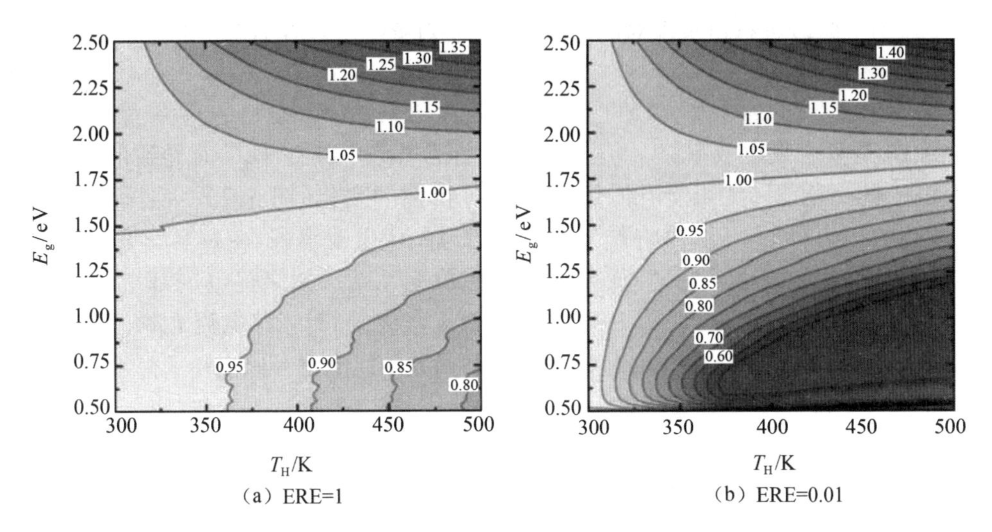

(a) ERE=1　　(b) ERE=0.01

图 5.5　在 300 K 时归一化单一光伏效率的 HTEPV 效率

(改编自文献[7])

5.5　完全配对太阳能电池

如前所述,除了独立使用光伏和 TEG 产生的电力外,还可以以电力方式将光伏和 TEG 连接起来,如 TEG 与光伏电池串联或并联。在这两种连接方案中(图 5.6),太阳能电池作为电源与(分流)电阻并联提供电流,并与负载电阻串联。而 TEG 作为电阻与电源串联。在这两种情况下,复合发电系统都向同一电力负载供电。设计光伏和 TEG 的复合发电的原因是 TEG 的输出功率过低,无法独立为任何电力组件供电。

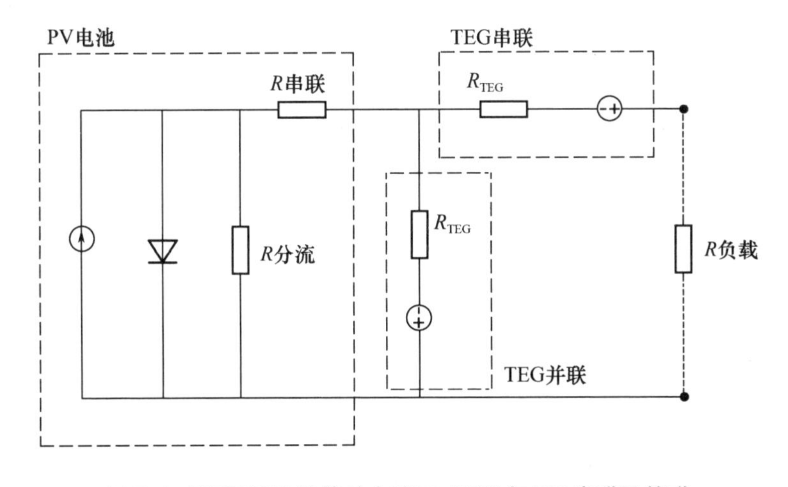

图 5.6　HTEPVG 的等效电路图:TEG 与 PV 串联及并联

当两个阶段进行电气配对时，总效率不是对 PV 和 TEG 效率简单求和，而是

$$\eta_{htepv} = \eta_{pv} + \eta_{steg} - (1 - \eta_{el}) = \frac{P_{pv} + P_{steg} - P_{el-loss}}{P_{in} A_{pv}} \tag{5.11}$$

式中，η_{el}是复合发电效率；$P_{el-loss}$是太阳能电池电路中存在 TEG 而导致的最终功率损耗，此损耗源于太阳能电池伏安（$I-V$）特性的变化（图 5.7）。实际上，串联入电路的 TEG（图 5.7（a））将作为附加电阻与光伏电池串联，在高电压下 $I-V$ 曲线的斜率将相应减小，进而降低太阳能电池填充系数。如果热电内部电阻R_{teg}与光伏串联电阻相比非常大，则 $I-V$ 曲线更接近直线，同时短路电流 I_{sc}减小。至于电压，温差作用下 TEG 产生的热电电压汇总到太阳能电池开路电压 V_{oc}，不会影响 $I-V$ 曲线的斜率。

如果 TEG 与太阳能电池并联，则 TEG 内阻相当于一个额外的分流器，在小电压下会改变 $I-V$ 曲线的斜率。此时，如果R_{teg}与光伏分流电阻相当，则斜率变化小，太阳能电池 V_{oc}不变。相反，如果R_{teg}很小，V_{oc}就会显著降低，$I-V$ 曲线斜率的变化较明显，然后引起热电电压的影响导致光伏I_{sc}的增加（图 5.7（b））。

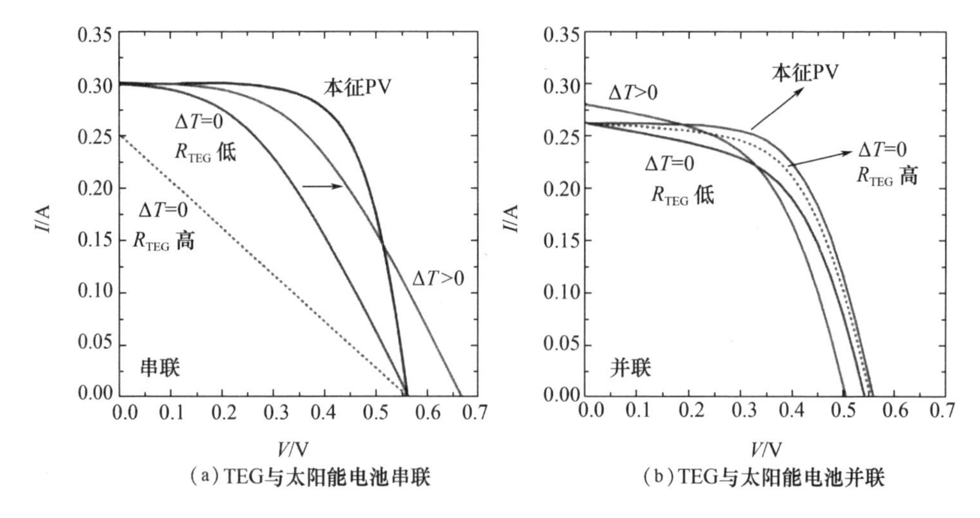

（a）TEG与太阳能电池串联　　（b）TEG与太阳能电池并联

图 5.7　对完全复合的 HTEPVG 中太阳能电池 $I-V$ 特性进行修正的实例

Park 等人[26]发现，如果 TEG 和 PV 串联连接并且假设小型硅太阳能电池无损耗，则完全配对的 HTEPVG 效率等于 TEG 和 PV 效率之和。他们指出，当 TEG 两端温差足够大时，根据R_{teg}最优化 ΔT_{TEG}可以实现功率损耗$P_{el-loss}$最小化。需强调的是，随着 ΔT_{TEG}的进一步增加，功率损耗 $P_{el-loss}$也会增加。因此，在无损工作模型中只存在一个最佳工作温度。然而，应该指出，最大复合效率所需的最佳温度与无损电气配对所需的温度相同的结论既不明确，也无法证明。

迄今为止，还没有文献提供证据证明并联实现电气无损复合的可能。

5.6　本章小结

本章介绍了光伏 - 热电复合太阳能电池的一般理论。证明了 HTEPV 电池是 STEG 的特殊实例,其中光伏电池(有源电源)取代了光吸收器;介绍了 HTEPV 发电机的主要部件,讨论了这些部件的特性及其对系统最终效率的影响;分析了太阳能电池内的产热机制,揭示了光伏材料选材对光伏电池主要能耗的影响。具体来说,研究了决定太阳能电池温度敏感性的因素,这些因素也是配对光伏电池和 TEG 时需要考虑的最重要的参数之一。

此外,本章评估了热电和光伏部分实现了热配对和电配对的完全复合系统,并详细讨论了这种结构的优缺点。

关于 HTEPV 发电机的实际案例,特别是实质性的问题将在第 6 章中讨论。

参考文献

[1] D. Kraemer, L. Hu, A. Muto, X. Chen, G. Chen, M. Chiesa, Appl. Phys. Lett. 92(24), 243503 (2008)

[2] C. H. Henry, J. Appl. Phys. 51(8), 4494 (1980). https://doi.org/10.1063/1.328272

[3] P. F. Baldasaro, J. E. Raynolds, G. W. Charache, D. M. DePoy, C. T. Ballinger, T. Donovan, J. M. Borrego, J. Appl. Phys. 89(6), 3319 (2001). https://doi.org/10.1063/1.1344580

[4] T. Markvart, Appl. Phys. Lett. 91(6), 2005 (2007). https://doi.org/10.1063/1.2766857

[5] L. C. Hirst, N. J. Ekins - Daukes, Prog. Photovolt. Res. Appl. 19(3), 286 (2011), http://doi.wiley.com/10.1002/pip.1024

[6] O. Dupré, R. Vaillon, M. A. Green, Sol. Energy Mater. Sol. Cells 140, 92 (2015). https://doi.org/10.1016/j.solmat.2015.03.025, http://www.sciencedirect.com/science/article/pii/S0927024815001403

[7] B. Lorenzi, M. Acciarri, D. Narducci, J. Mater. Res. 30(17), 2663 (2015)

[8] B. Lorenzi, M. Acciarri, D. Narducci, ArXiv e - prints (2018)

[9] A. a. Hegazy, Energy Convers. Manag. 41, 861 (2000)

[10] S. Armstrong, W. G. Hurley, Appl. Therm. Eng. 30(11 - 12), 1488 (2010). https://doi.org/10.1016/j.applthermaleng.2010.03.012

[11] L. Zhu, A. Raman, K. X. Wang, M. A. Anoma, S. Fan, Optica 1, 32 (2014). https://doi.org/10.1364/OPTICA.1.000032

[12]J. Zhang, Y. Xuan, Energy Convers. Manag. 129, 1 (2016)

[13]J. C. Fan, F. J. Bachner, Appl. Opt. 15(4), 1012 (1976). https://doi.org/10.1364/AO.15.001012

[14]Z. C. Jin, I. Hamberg, C. G. Granqvist, Appl. Phys. Lett. 51(3), 149 (1987), http://scitation.aip.org/content/aip/journal/apl/51/3/10.1063/1.99008

[15]K. Ellmer, Nat. Photonics 6(12), 809 (2012), http://www.nature.com/doifinder/10.1038/nphoton.2012.282

[16]A. G. Imenes, D. R. Mills, Sol. Energy Mater. Sol. Cells 84, 19 (2004). https://doi.org/10.1016/j.solmat.2004.01.038

[17]C. Shou, Z. Luo, T. Wang, W. Shen, G. Rosengarten, W. Wei, C. Wang, M. Ni, K. Cen, Appl. Energy 92, 298 (2012). https://doi.org/10.1016/j.apenergy.2011.09.028

[18]K. Sibin, N. Selvakumar, A. Kumar, A. Dey, N. Sridhara, H. Shashikala, A. K. Sharma, H. C. Barshilia, Sol. Energy 141, 118 (2017). https://doi.org/10.1016/j.solener.2016.11.027

[19]J. L. Gray, in *Handbook of Photovoltaic Science and Engineering*, ed. by L. Antonio, H. Steven (Wiley, 2003), pp. 106 – 107

[20]P. Singh, N. Ravindra, Sol. Energy Mater. Sol. Cells 101, 36 (2012). https://doi.org/10.1016/j.solmat.2012.02.019

[21]A. Virtuani, D. Pavanello, G. Friesen, in *Proceedings of 25th EUPVSEC* (2010), pp. 4248 – 4252

[22]G. Contento, B. Lorenzi, A. Rizzo, D. Narducci, Energy 131(Supplement C), 230 (2017). https://doi.org/10.1016/j.energy.2017.05.028, http://www.sciencedirect.com/science/article/pii/S0360544217307843

[23]G. Siefer, A. W. Bett, Prog. Photovolt. Res. Appl. 22(5), 515 (2014), http://doi.wiley.com/10.1002/pip.2285

[24]M. A. Green, Prog. Photovolt. Res. Appl. 20(4), 472 (2012), http://doi.wiley.com/10.1002/pip.1147

[25]O. Dupré, R. Vaillon, M. A. Green, Sol. Energy 140, 73 (2016). https://doi.org/10.1016/j.solener.2016.10.033

[26]K. T. Park, S. M. Shin, A. S. Tazebay, H. D. Um, J. Y. Jung, S. W. Jee, M. W. Oh, S. D. Park, B. Yoo, C. Yu, J. H. Lee, Sci. Rep. 3, 2123 (2013). https://doi.org/10.1038/srep02123, http://www.nature.com/srep/2013/130703/srep02123/full/srep02123.html

第6章　光伏温差复合发电机:材料

摘要:本章将介绍基于有机/无机光伏电池的光伏温差复合发电机最新技术,讨论能源采集方面目前所面临的问题以及发展前景,其中将特别关注材料领域的研究。这里提到的两类光伏材料在复合发电方面有较好的应用前景,因而受到人们的关注,但是这两类材料所制成的吸收器稳定性不足,并且光伏效率随温度升高而降低,导致组件总效率,特别是热电阶段效率较低。

6.1　引言

在前面的章节中讨论了部分(仅热)和完全(热和电)复合的物理学机理。结果表明,复合发电方案能否提高太阳能转换效率取决于材料的选择。更准确地说,由于太阳能复合发电机的大部分功率来自其光伏部分,因此特别需要注意光伏材料的选择,尽量减少 PV 温度升高引起的效率衰退。此外,应通过合理布局发挥温差发电器寿命长的优势。因此,必须根据运行条件选择合适的光伏材料,从而保证光伏组件不会性能衰退或完全失效。

本章将重点介绍目前太阳能复合发电电池的制造和测试方法,以及各阶段所使用的材料,并针对无机和有机光伏阶段材料的选择单独进行讨论。

6.2　有机光伏材料

将有机光伏(Organic Photovoltaic,OPV)电池用于有机热电 - 光伏(Organic Thermoelectric Photovoltaic,OTEPV)复合发电机的主要目的是降低有机光伏电池成本,实现卷对卷大规模生产[1-6],并使室温 TEG 的技术更加成熟[7-10]。与无机太阳能电池不同,有机光伏电池在可见光范围内通常是部分透明的[11],因此,热电部件的一个重要作用是利用太阳能吸收层未使用的热量[12,13]。

在有机热电 - 光伏发电机中,OPV 阴极和阳极与 TEG 的 PN 结在电路中串联连接(完全复合化,参见 5.5 节[14]),这种扁平装置能够提高整体太阳能发电转换效率[15-19]。图 6.1 是典型的 OTEPV 组件的装配图。TEG 的高温端与有机光伏电池的另一极之间建立热连接,热量来源于太阳能吸收层透射的太阳光和系统产生的废热。当温度梯度方向与 TEG 方向垂直时,由于两级的串联,系统总输出功率为 TEG 输出功率与 OPV 输出功率之和。OTEPV 发生器的工作温度受 OPV 中聚合物最佳服役温度的限制,通常小于 400 K[20-23]。然而,就稳定性而言,有机光伏电池的稳定性比其他传统光伏电池更好。

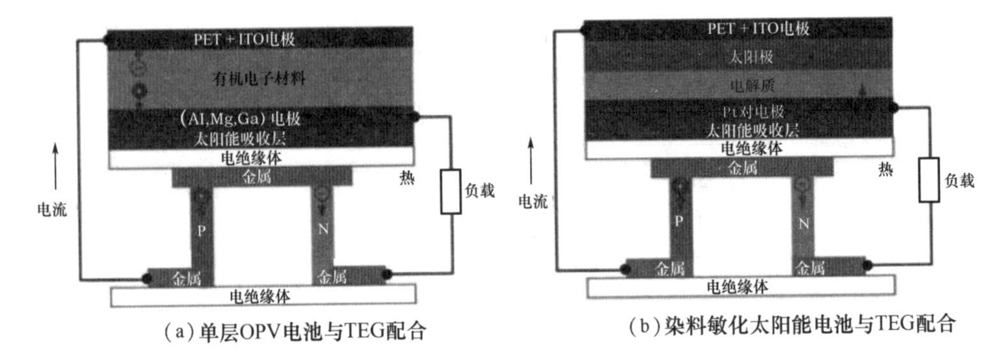

(a)单层OPV电池与TEG配合　　(b)染料敏化太阳能电池与TEG配合

图 6.1　单层 OPV 电池与 TEG 配合及染料敏化太阳能电池与 TEG 配合的结构图

(在这两种结构中,TEG 均与光伏电池进行了热和电的完全连接)

通用 OPV 系统的效率只是输出功率 P_{out} 与输入功率 P_{in} 的比值,综合式(4.12)至式(4.13)可得

$$\eta_{pv} = \frac{P_{out}}{P_{in}} = \frac{V_{oc} I_{sc} FF}{\phi_{sun} S} \tag{6.1}$$

式中,V_{oc},I_{sc},FF,ϕ_{sun}和 S 分别是开路电压、短路电流、填充因子、太阳辐射强度和组件面积。根据定义,填充因子 $FF=(V_{max} \times I_{max})/(V_{oc} \times I_{sc})$,其中 V_{max} 和 I_{max} 是可实现的最大电压和最大电流。表 6.1 列出了最先进的 OPV 电池效率。

表 6.1　现有有机 OPV 及其转换效率汇总

电池种类	转换效率/%	参考文献
小型 OPV 电池组	6.7～8.94	[24－27]
聚合物 OPV 电池	8.4～10.6	[28, 29]
钙钛矿 OPV 电池	7～15	[30－32]
染料敏化 OPV 电池	11～13	[11, 33－35]

6.2.1　染料敏化太阳能电池

Wang 等人首次提出了基于染料敏化太阳能电池(DSSC)和微型碲化铋基 TEG 的 PVTE 复合系统[15]。图 6.2 为 PVTE 复合设备的示意图和实物照片。DSSC 和 TE 发电机依次相连,而 SSA 位于它们之间。DSSC 和 TE 发电机串联,复合装置的阴极和阳极分别是 DSSC 的阴极和 TE 发电机的阳极。由氟掺杂氧化锡

(Fluorine-cloped Tin Oxide,FTO)镀膜玻璃板和图 6.2(a)所示的 DSSC 电池的透射光谱可以看出,DSSC 吸收部分阳光并转化为电能。

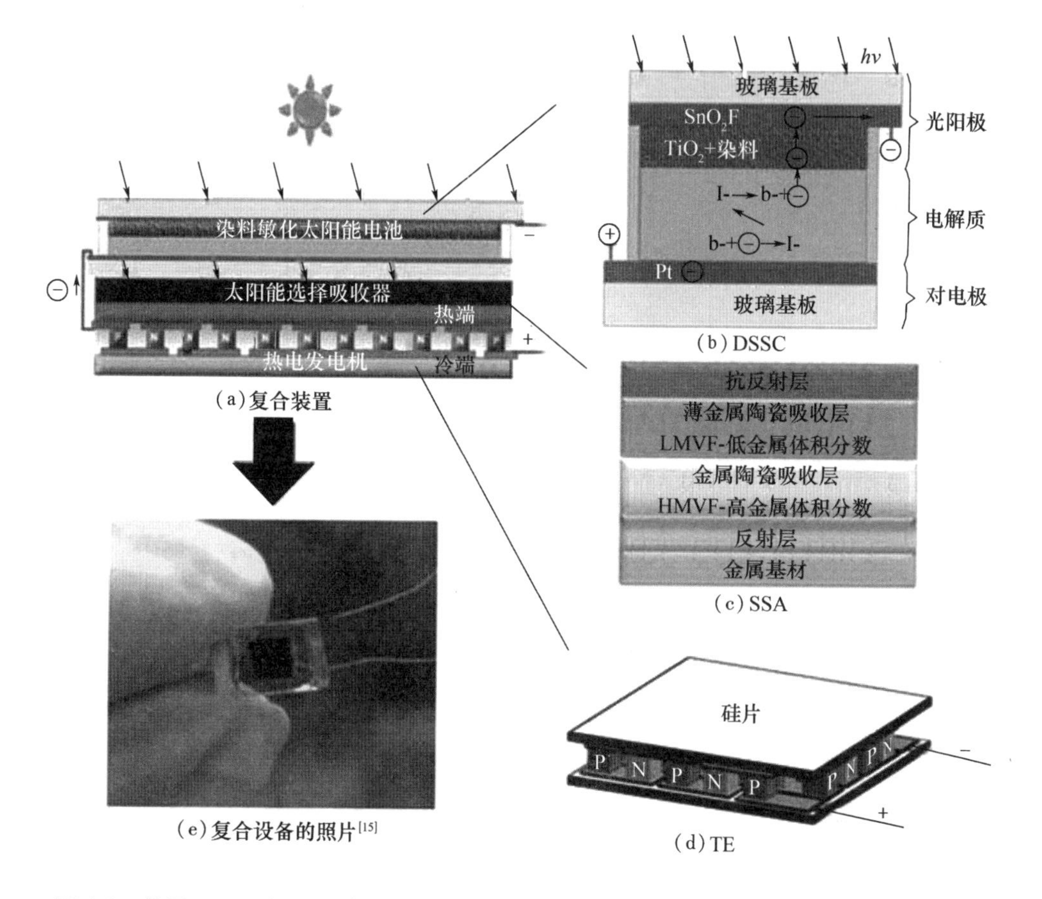

图 6.2　使用 DSSC 和 SSA 粘贴的热电发电机作为电池顶部和底部的新型 PVTE 复合装置

光伏部分在 600 ~ 1 600 nm 的波长范围内有相对较大的透射,这意味着 DSSC 电池不利用这部分辐射能量。另一方面,如图 6.3(b)所示,SSA 在 600 ~ 1 600 nm 的波长范围内具有非常低的反射率,这表明 DSSC 透射的太阳光可以被 SSA 很好地吸收。之后 SSA 将 DSSC 透射的太阳光转换成热量,然后由 TEG 基于 Seebeck 效应将该热量转换为电能。与单一的 DSSC 相比,整个 PVTE 复合装置可以吸收宽波长范围的太阳光,产生更大的能量转换效率。实际上,PVTE 总转换效率可达 13.8%,并且当 TEG 上的温差为 6 K 时,PVTE 系统产生的功率密度可达 12.8 mW/cm^2。此外,PVTE 组件的性能未来有望进一步优化[15]。

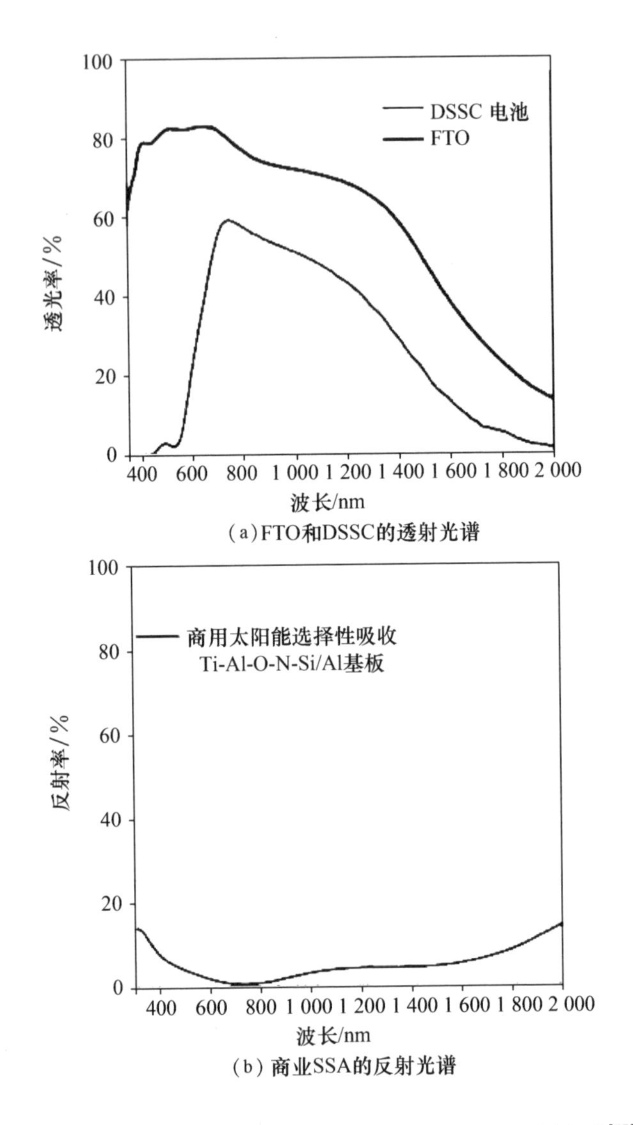

图 6.3 FTO 和 DSSC 的透射光谱与商业 SSA 的反射光谱[15]

Chang 等人研究了一种太阳能光伏－热电模块[36]。该方法利用外部循环废热产生电能,进一步提高了 TEG 的热电转换效率。自组装 CuO 纳米流体用电泳沉积工艺沉积在 Cu 板上,然后黏附在 TEG 表面上,如图 6.4 所示。实验结果表明,TEG 表面的 CuO 薄膜可以提高整体热传导,使热端温度提高约 2 K,输出电压提高 14.8%,温差发电器的热电转换效率提高 10%,总功率输出增加 2.35%。预计该太阳能热电模块在太阳辐射强度为 100 mW/cm^2 时可输出约 4.95 mW/cm^2 的功率。

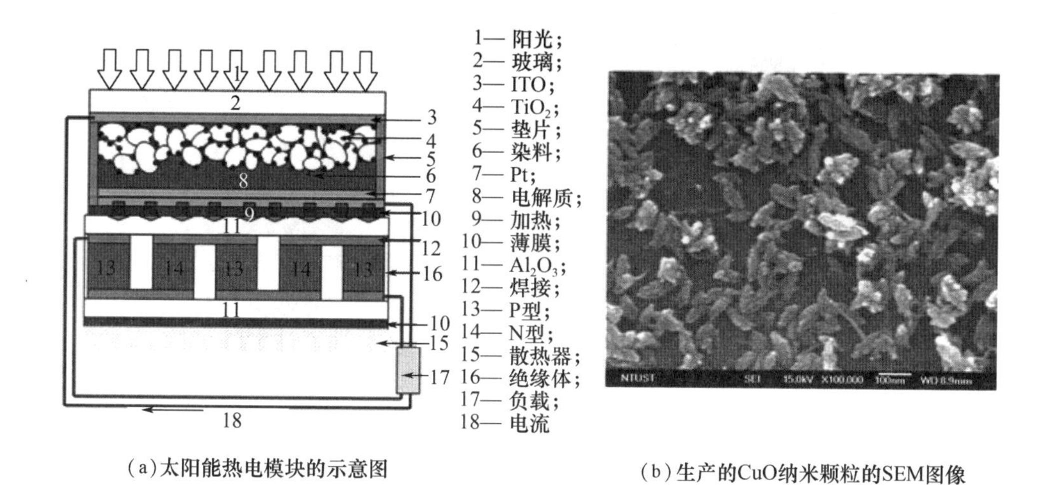

(a)太阳能热电模块的示意图

(b)生产的CuO纳米颗粒的SEM图像

图6.4 太阳能热电模块的示意图和生产的CuO纳米颗粒的SEM图像[36]

6.2.2 聚合物基太阳能电池

Suzuki 等人设计了一种可以有选择地在光伏或热电两种操作模式下工作的 OTEPV 复合发电设备[37],该设备使用首尾相接的有机材料聚(3-己基噻吩-2,5-二基)(P3HT):$FeCl_3$ 和[6,6]-苯基-C61-丁酸甲酯(PCBM)/P3HT 成功制造。当光伏和热电并联时,光伏发电机在光照下发电,温差发电器在温差驱动下发电。由于材料的限制,OTEPV 模块的光伏输出功率仅为 2.1×10^{-2} mW/cm^2,效率为 2.1×10^{-2}%。在热电模式下,模块在 52 K 的温差下可以产生 0.015 nW 的功率输出。不过,该设计提供了一种可替代且成本低廉的方法来综合两种能量收集技术。设计人员还提供了一个柔性 OTEPV 复合模块的制造实例[37]。

Zhang 等人制造了聚合物太阳能电池-热电(Polymer Solar Cell-thermoeletric,PSCTE)复合系统,该系统使用 P3HT/茚-C60 双加合物(IC60BA)聚合物太阳能电池[38],热电模块使用德国 Micropelt 的 TGP-715。如图6.5(c)所示,聚合物太阳能电池的光谱吸收区域为近紫外线到可见光区域,热电模块收集被 PSC 单元浪费的太阳能热量。结果表明,当沿着热电模块方向引入温度梯度时,PSCTE 系统的总功率输出功率比单一 PSC 的总功率输出功率高。如图6.5(d)表明 V_{oc} 和功率输出也得到了显著改善,从单一 PSC 的 0.87 V 变为 PSCTE 复合系统的 1.72 V。同样,对于 PSCTE 复合系统,考虑到热电单元的温差为 9.5 K,P_{max} 从单一 PSC 的 6.02 mW/cm^2 提高到复合系统的11.29 mW/cm^2。这项工作也分析了决定 PSCTE 复合系统总发电量的物理过程。他们认为,太阳能转换器的每个独立阶段都不可能驱动商用发光二极管,但复合动力系统却可以实现这一点(图6.5(b))。

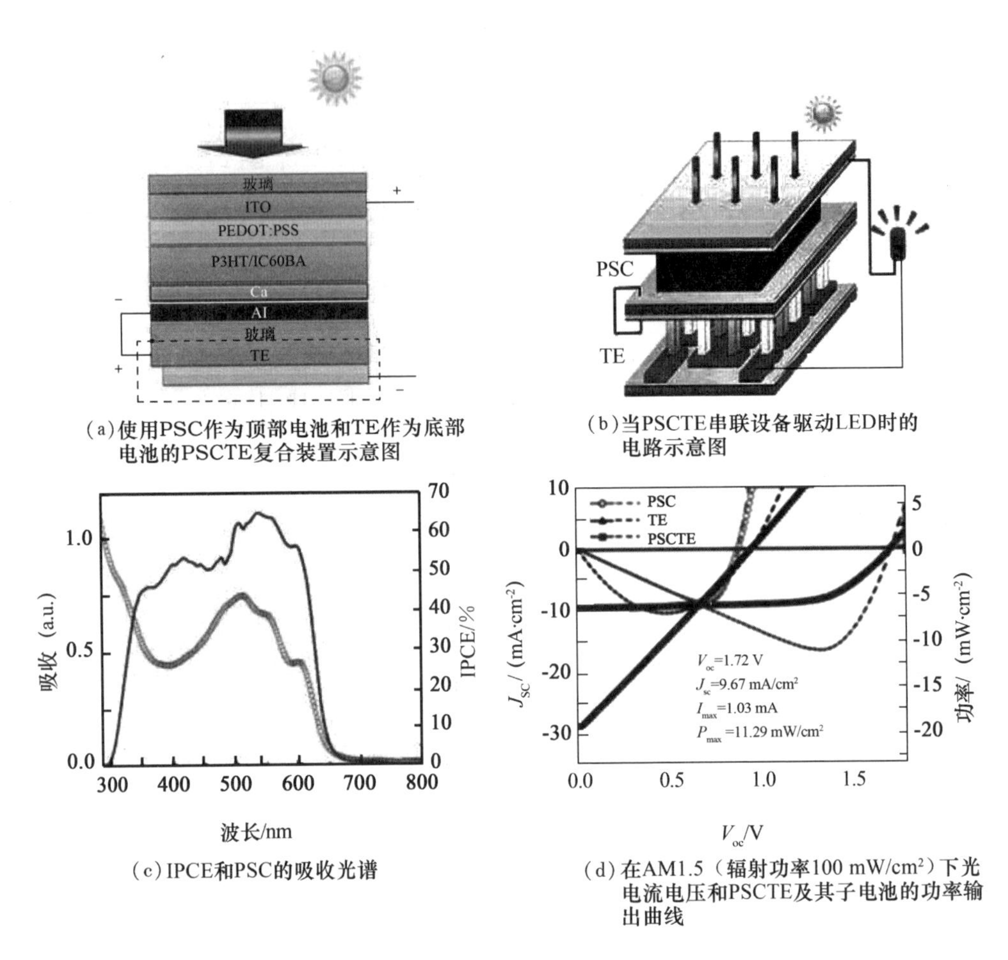

(a)使用PSC作为顶部电池和TE作为底部电池的PSCTE复合装置示意图

(b)当PSCTE串联设备驱动LED时的电路示意图

(c)IPCE和PSC的吸收光谱

(d)在AM1.5（辐射功率100 mW/cm²）下光电流电压和PSCTE及其子电池的功率输出曲线

图6.5 使用PSC作为顶部电池和TE作为底部电池的PSCTE复合装置示意图、当PSCTE串联设备驱动LED时的电路示意图、IPCE和PSC的吸收光谱、在AM1.5(辐射功率100 mW/cm²)下光电流电压和PSCTE及其子电池的功率输出曲线[38]

Lee等人使用有机太阳能电池(Organic Solar Cell,OSC)和聚合物有机温差发电器(Organic Themoelectric Generator,OTEG)制造了一种全有机复合发电机。其中,有机温差发电器采用单层高导电性PEDOT:PSS[聚(3,4-亚乙二氧基噻吩):聚苯乙烯磺酸盐]膜制造,如图6.6(a)[39]所示。作为OTEG的PEDOT:PSS薄膜通过在玻璃上滴涂PEDOT:PSS溶液制造。结果表明,单层PEDOT:PSS薄膜的Seebeck系数为19.8 μV/K。当两个装置组合时,由内阻引起的组合损失(即FF的降低)可以通过降低PEDOT:PSS膜的电阻而降低。当PEDOT:PSS薄膜的电阻降至1.36 Ω以下时,FF的组合损失可以忽略不计(图6.6(b))。在测量过程中,PEDOT:PSS薄膜的温差为5 K。当PEDOT:PSS薄膜的电阻为1.36 Ω时,与太阳能电池组合之后,通过提高PEDOT:PSS膜的开路电压就可增强复合装置的功率转换效率(Power Conversion Efficiency,PCE)。虽然他们对整体 OTEPV 发电机性能的改进有限,但提出了一种低成本和性能优异的全有机复合太阳能发电机技术。

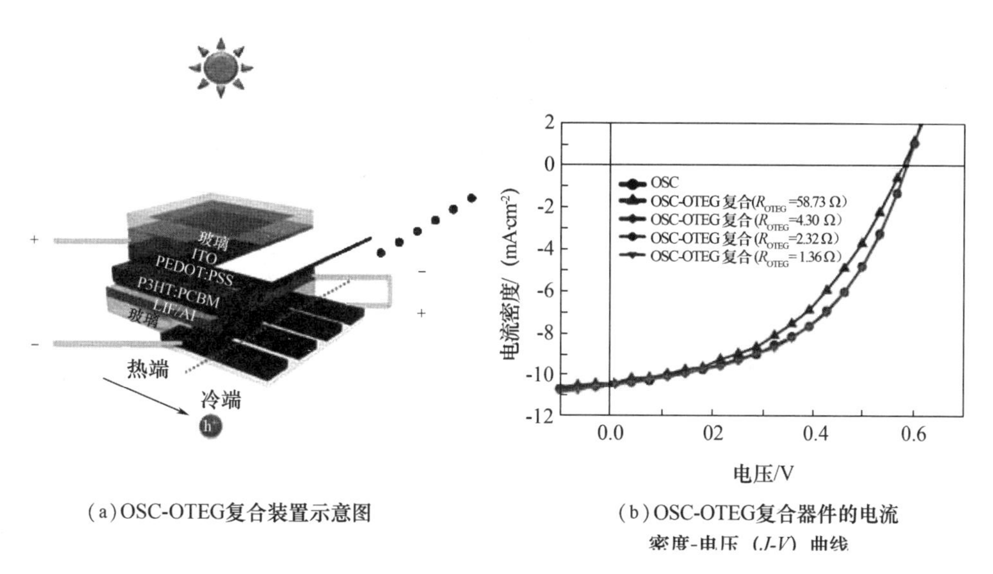

(a)OSC-OTEG复合装置示意图

(b)OSC-OTEG复合器件的电流密度-电压(J-V)曲线

图 6.6　OSC－OTEG 复合装置示意图(该装置使用的高导电 PEDOT:PSS 薄膜具有遮阳效果,产生的温度梯度作用于 OTEG)及 OSC－OTEG 复合组件的电流密度－电压($J-V$)曲线(该曲线形状取决于每个 PEDOT:PSS 的电阻)

6.2.3　光热驱动的热电系统

Park 等人提出利用 PEDOT 中的光热效应进行热电转换[40],通过动态和静态复合电池来捕获全光谱范围内的太阳能和热能。他们利用 EDOT 溶液制备两面涂有 PEDOT 的极化铁电薄膜,并将其插到 OTEPV 系统中的光伏单元和热电单元之间(图 6.7(a))。测试结果表明,在近红外辐射条件下,由于光热高温热电装置存在额外的热电输出,输出功率高出独立的热电系统 6 倍以上。光热驱动的热电发电膜提供了快速电输出和高达 15 V 的输出电压。并且,PEDOT 薄膜具有透明且光热效应强的特点,可以充当电极,因此热电效应显著。复合能量收集器的热电组件是通过光热转换供能量,提高了太阳能电池的光转换效率。在日光辐照(AM1.5 G)下,利用透过光电池的光作为热源的 PCE 增加超过 20%,同时,这些热量转换成电能从 PEDOT 电极输出。

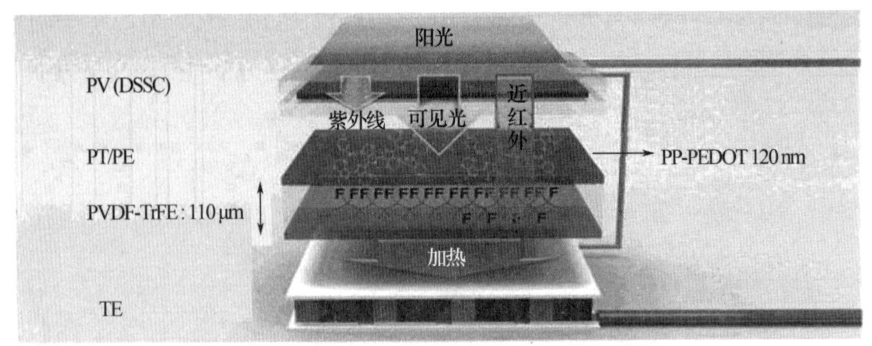

(a) 光伏和光热复合发电装置示意图

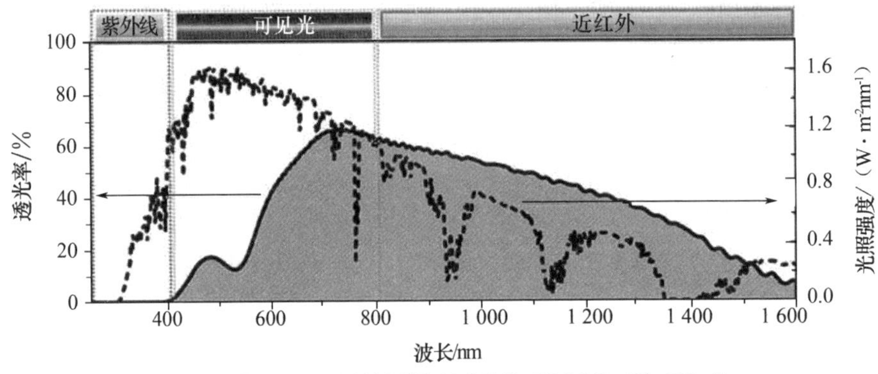

(b) DSSC的UV-vis-NIR透射光谱和日光强度（AM1.5 G，100 mW/cm²）

图 6.7 光伏和光热复合发电装置示意图与 DSSC 的 UV－vis－NIR 透射光谱和日光强度（AM1.5 G，100 mW/cm²）[40]

6.2.4 钙钛矿太阳能电池

Zhang 等人验证了用新兴的钙钛矿太阳能电池和热电模块组合制备复合 OTEPV 系统的可行性[41]。研究发现，由于钙钛矿太阳能电池的温度系数非常低，与 TEG 复合后系统的效率可达 18.6%，而单一钙钛矿太阳能电池的效率仅为 17.8%。他们还指出，SSA 的选择对整个复合系统性能的提升有至关重要作用（图 6.8）。他们在工作中还开发了复合系统的三维数值模型[41]，发现在 OTEPV 复合系统中集热低于 100 的条件下，不会引起转换效率明显下降。这些初步研究表明，钙钛矿太阳能电池作为 OTEPV 复合系统非常有发展潜力。然而，众所周知，钙钛矿太阳能电池的稳定性是急需解决的问题，否则可能会影响复合发电的进一步发展。

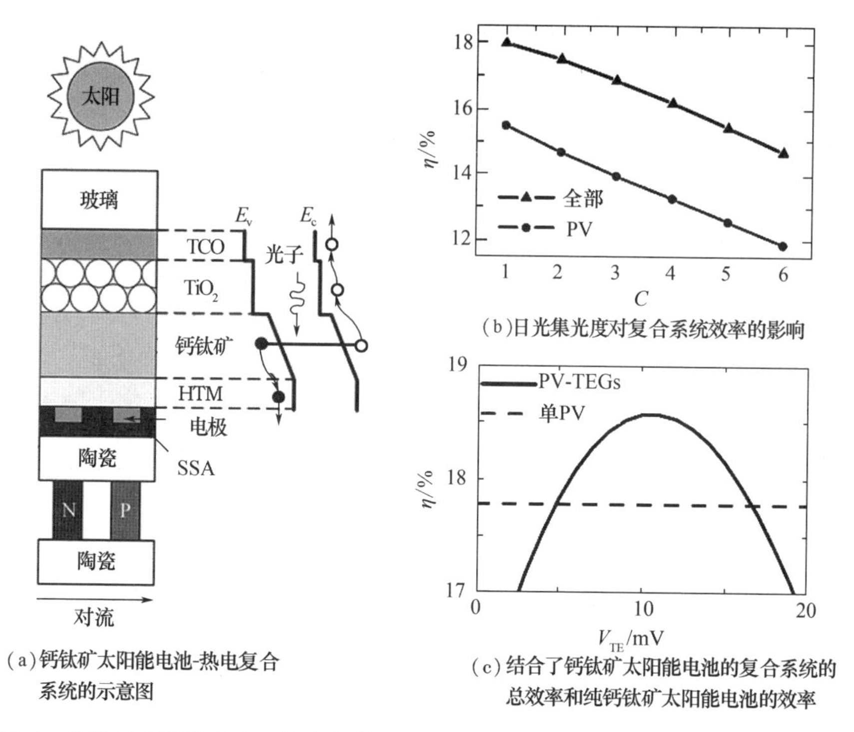

(a)钙钛矿太阳能电池-热电复合系统的示意图

(b)日光集光度对复合系统效率的影响

(c)结合了钙钛矿太阳能电池的复合系统的总效率和纯钙钛矿太阳能电池的效率

图6.8 钙钛矿太阳能电池－热电复合系统的示意图、日光集光度对复合系统效率的影响、结合了钙钛矿太阳能电池的复合系统的总效率和纯钙钛矿太阳能电池的效率[41]

6.3 无机光伏材料

6.3.1 首次调查:多晶硅太阳能电池

最近,无机热电光伏(ITEPV)复合发电论文数量的不断增加,表明通过与TEG复合提高无机太阳能电池效率的可能性引起了人们的广泛兴趣。复合的主要方法有两种:一种是太阳能分割法,即使用分束器将太阳光谱的紫外线－可见光部分引导到太阳能电池上,将红外部分引导到TEG上[17,22-47];另一种方法则专注于PV和TEG耦合,如第5章中所述。由于只有后一种方案真正实现了光电－热电复合,我们会在后面的部分重点描述这种方法。

无机太阳能电池的热电复合是一个非常新的研究领域,大多数现有文献只是通过理论或数值模型论证了不同因素及条件下复合的可行性。相关文献首先由Vorobiev等人于2006年发表[48],他们在HTEPV发电机中模拟了光谱分裂和直接耦合这两种方法。在第二种方法里,多结太阳能电池的模拟效率高达30%,且热电复合使 PV 效率 η_{pv} 随温度的降低而降低。五年后,Sark 发表了更为全面的工作成果,估算了最先进的多晶硅光伏组件热电复合每年理论上的产电量[18]。该结果显示,使用 *ZT* 值为 1.2 的热电材料每年发电可能增加约 15%。该结果在当时已经被广泛认可,然而,文章内容显示热电组件的贡献仅仅起到降低光伏温度敏感性的作用,不足以实现任何工业化生产。

由于 Sark 的研究成果涉及硅电池的复合方案,市场潜力巨大(占光伏市场总量的近 90%),使得该研究方向的文章大量出现。事实上,硅太阳能电池复合的论文是 ITEPV 发电机领域研究论文的主题,包括聚光系统的研究[49,50],最佳电气负荷条件的评估[51]和热管理[52],同时还涉及研究纳米流体的冷却效果[53]和实施热管的解决方案[54]。实验工作还包括研究多晶硅和单晶硅子模块[55,56]、薄膜太阳能电池[57],以及 TEG 设计对系统效率的影响[58]。此外,学者们还通过实验研究了电复合[59]和槽式聚光系统[60]。

尽管报道硅光伏电池复合的论文有很多,但均表明目前热电复合只能起到减缓光伏电池温度升高时效率下降的作用。如上文指出的,这是由硅太阳能电池温度敏感性过大和 TEG 转换效率太低所造成的。在这种情况下,必须认真考虑文献中出现的提高效率的可行方案[59]。

6.3.2 多结聚光太阳能电池

除了使用硅之外,多结太阳能电池的复合也是一种不错的解决方案,这种太阳能系统通常在非常高的聚光水平下工作——具有很大的热利用潜力。

关于该方案的理论工作主要集中在研究热电复合的机会和可行性方面,主要是关注各种参数优化,如聚光程度、TEG 热阻、封装和冷却方法[61-65]。

尽管这些研究指出多结太阳能电池热电复合方案比硅方案更可行,但这种热电复合只是降低了光伏效率的温度敏感性,在降低导热性方面贡献不大。Beeri 等人发表了该领域唯一的实验论文[66]证明了上述观点:与室温下独立的光伏系统相比,复合系统没有显示出效率提升。因此,多结太阳能电池中热电材料的 *ZT* 值还需要进一步提高,以使复合太阳能转换器中的 TEG 可以有效发挥作用。

6.3.3 非硅基太阳能电池

在其他复合发电方案中,包括 CIGS、GaAs、CdTe、非晶硅、钙钛矿结构和 CZTS 等太阳能电池的复合大多数只是理论研究,只有 CIGS 和 GaAs 太阳能电池在实验上实现了复合。

Hsueh 等人开发了一种由最先进的 CIGS 太阳能电池结合商用 TEG 和由 ZnO 纳米线制成的抗反射层制成的复合系统,效率为 16%,是该领域的第一份实验报告[67]。尽管热电复合使 TEG 侧获得了 11 K 的温差,导致复合系统效率由 16% 提高到 21%,但将太阳能电池与 TEG 覆盖面积尺寸统一的设计使效率增加减少了约0.45%。该归一化结果与研究CIGS太阳能电池复合的理论工作报道的结果一致[49,68-70]。上述工作基本上都指出,对于Si、CIGS太阳能电池而言,在室温下使用PV和TEG复合方案在效率提高方面与单独使用PV的情况相比没有优势。实际上,因为CIGS和Si具有非常相近的能隙,它们η_{pv}的温度灵敏性非常接近。

尽管理论预测指出使用聚光系统可能会进一步提高效率[49,70]。但实际上,聚光可降低载流子复合,并因此降低温度灵敏度,特别是在CIGS太阳能电池中,因为在这种电池中温度敏感性主要由载流子非辐射复合导致,但这些理论尚未在实验中被证实。

Da等人[71]报道了在陆地和太空环境中评估GaAs太阳能电池的热电复合实验。在这些实验中,PV转换性能的增加仅能够使太阳能电池的效率保持在其室温值附近——没有表现出任何效率提升。Zhang等人提供了关于这种类型的ITEPV转换器参数优化的理论分析的细节[64]。

非晶Si(a-Si)①和CZTS的结果最好,这好像也是目前TEG技术热电复合的最佳选择。其他光伏材料的研究仅局限在理论方面。这些结果表明与单独非晶Si光伏电池的效率值相比,效率可能会提升30%到50%[69,72],与仅有CZTS光伏电池的值相比效率可以提升达57%[72,73]。然而,要实现这些性能的提升工作温度要求达到200~250 ℃,而这个温度可能会导致HTEPV发电机系统光伏部分性能不可避免地恶化。因此,必须测试太阳能电池在如此高的温度下工作的可行性,并需要开发适当的封装和热镜系统。

6.4 本章小结

相关研究已经表明,有机和无机光伏材料都可以在复合太阳能转换器的开发中起作用。据报道,即使在大型设备应用领域,有机光伏材料仍然具有低成本和易于制备的优势。然而,有机光伏材料的光伏效率仍远低于无机光伏材料的效率,而且TEG部分的效率相对较低,还不能填补这个效率差距。

一般认为使用无机光伏材料是更合理的选择,而且无机材料在光伏市场中占据主导地位。然而,虽然现在可以很好地利用硅(并且同样地,还有其他具有类似能隙的无机半导体)作为候选材料,并且可以通过TEG阶段减轻PV阶段升温导致的效率衰减——而与纯光伏发电机相比,整体效率仍无法显著提高。

大间隙、低成本的光伏材料在HTEPV中仍有发展空间,并且在与TEG配对时对所需的较高温度不太敏感。因此,基于a-Si和CZTS的聚光太阳能电池以及稳定的钙钛矿太阳能电池都有望使用到PV-TE复合中。

最后值得一提的是,Luo等人在最近的一篇论文中表示PV和TE更紧密的复

① 通常此处会有连字符,译者改。

合可能会有所突破[74]，比如薄膜纳米结构 CdTe/Bi_2Te_3 结中的协同光伏/热电效应。在该系统中，Bi_2Te_3 层既是太阳能电池的 n 型材料，又是利用节点处产生的温度梯度发电的热电材料。该层的热电势促进电荷分离，并将废热转化为电能，从而提高太阳能电池的性能。研究结果显示这类新型 HTEPV 发电机的效率非常有限(~2.7%，热电贡献约为 35%)，但该方法有望提高整个太阳能光谱的功率转换效率。

参考文献

[1] J. E. Carlé, F. C. Krebs, Sol. Energy Mater. Sol. Cells 119(Supplement C), 309 (2013)

[2] F. C. Krebs, N. Espinosa, M. Hösel, R. R. Sϕndergaard, M. Jϕrgensen, Adv. Mater. 26(1), 29 (2013)

[3] A. Gambhir, P. Sandwell, J. Nelson, Sol. Energy Mater. Sol. Cells 156, 49 (2016)

[4] L. Chang, I. E. Jacobs, M. P. Augustine, A. J. Moulé, Org. Electron. 14(10), 2431 (2013)

[5] F. C. Krebs, J. Fyenbo, D. M. Tanenbaum, S. A. Gevorgyan, R. Andriessen, B. van Remoortere, Y. Galagan, M. Jϕrgensen, Energy Environ. Sci. 4(10), 4116 (2011)

[6] F. C. Krebs, M. Jϕrgensen, Adv. Opt. Mater. 2(5), 465 (2014)

[7] H. Goldsmid, Materials 7(4), 2577 (2014)

[8] B. Poudel, Q. Hao, Y. Ma, Y. Lan, A. Minnich, B. Yu, X. Yan, D. Wang, A. Muto, D. Vashaee, X. Chen, J. Liu, M. S. Dresselhaus, G. Chen, Z. Ren, Science 320(5876), 634 (2008)

[9] L. Han, S. H. Spangsdorf, N. V. Nong, L. T. Hung, Y. B. Zhang, H. N. Pham, Y. Z. Chen, A. Roch, L. Stepien, N. Pryds, RSC Adv. 6(64), 59565 (2016)

[10] K. Kusagaya, M. Takashiri, J. Alloys Compd. 653, 480 (2015)

[11] A. Hagfeldt, G. Boschloo, L. Sun, L. Kloo, H. Pettersson, Chem. Rev. 110 (11), 6595 (2010)

[12] S. Oh, P. Rai, M. Ramasamy, V. K. Varadan, Microelectron. Eng. 148, 117 (2015)

[13] Y. Zhang, Y. Xuan, Sol. Energy Mater. Sol. Cells 144(Supplement C), 68 (2016)

[14] G. J. Snyder, E. S. Toberer, Nat. Mater. 7(2), 105 (2008)

[15] N. Wang, L. Han, H. He, N. H. Park, K. Koumoto, Energy Environ. Sci. 4 (9), 3676 (2011)

[16] D. Yang, H. Yin, IEEE Trans. Energy Convers. 26(2), 662 (2011)

[17] D. Kraemer, L. Hu, A. Muto, X. Chen, G. Chen, M. Chiesa, Appl. Phys. Lett. 92(24), 243503 (2008)

[18] W. G. J. H. M. van Sark, Appl. Energy 88(8), 2785 (2011)

[19] B. S. Dallan, J. Schumann, F. J. Lesage, Sol. Energy 118, 276 (2015)

[20] M. Jϕrgensen, F. C. Krebs, in *Stability and Degradation of Organic and Polymer Solar Cells* (Wiley, 2012), pp. 143 – 162

[21] M. Hermenau, M. Riede, K. Leo, in *Stability and Degradation of Organic and Polymer Solar Cells* (Wiley, 2012), pp. 109 – 142

[22] K. Tvingstedt, C. Deibel, Adv. Energy Mater. 6(9), 1502230 (2016)

[23] E. A. Katz, D. Faiman, S. M. Tuladhar, J. M. Kroon, M. M. Wienk, T. Fromherz, F. Padinger, C. J. Brabec, N. S. Sariciftci, J. Appl. Phys. 90 (10), 5343 (2001)

[24] Y. Sun, G. C. Welch, W. L. Leong, C. J. Takacs, G. C. Bazan, A. J. Heeger, Nat. Mater. 11(1), 44 (2011)

[25] M. Riede, T. Mueller, W. Tress, R. Schueppel, K. Leo, Nanotechnology 19 (42), 424001 (2008)

[26] A. Mishra, P. Buerle, Angew. Chem. Int. Ed. 51(9), 2020 (2012)

[27] A. K. K. Kyaw, D. H. Wang, D. Wynands, J. Zhang, T. Q. Nguyen, G. C. Bazan, A. J. Heeger, Nano Lett. 13(8), 3796 (2013)

[28] L. Ye, S. Zhang, W. Zhao, H. Yao, J. Hou, Chem. Mater. 26(12), 3603 (2014)

[29] C. Cui, W. Y. Wong, Y. Li, Energy Environ. Sci. 7(7), 2276 (2014)

[30] M. M. Lee, J. Teuscher, T. Miyasaka, T. N. Murakami, H. J. Snaith, Science 338(6107), 643 (2012)

[31] M. Liu, M. B. Johnston, H. J. Snaith, Nature 501(7467), 395 (2013)

[32] N. G. Park, Mater. Today 18(2), 65 (2015)

[33] F. D. Lewis, X. Zuo, Photochem. Photobiol. Sci. 2(11), 1059 (2003)

[34] M. K. Nazeeruddin, E. Baranoff, M. Grtzel, Sol. Energy 85(6), 1172 (2011)

[35] S. Mathew, A. Yella, P. Gao, R. Humphry – Baker, B. F. E. Curchod, N. Ashari – Astani, I. Tavernelli, U. Rothlisberger, M. K. Nazeeruddin, M. Grätzel, Nat. Chem. 6(3), 242 (2014)

[36] H. Chang, M. J. Kao, K. C. Cho, S. L. Chen, K. H. Chu, C. C. Chen, Curr. Appl. Phys. 11(4), S19 (2011)

[37] T. Suzuki, K. Yoshikawa, S. Momose, in *2010 International Electron Devices Meeting* (*IEEE*, 2010)
[38] Y. Zhang, J. Fang, C. He, H. Yan, Z. Wei, Y. Li, J. Phys. Chem. C 117 (47), 24685 (2013)
[39] J. J. Lee, D. Yoo, C. Park, H. H. Choi, J. H. Kim, Sol. Energy 134 (Supplement C), 479 (2016)
[40] T. Park, J. Na, B. Kim, Y. Kim, H. Shin, E. Kim, ACS Nano 9(12), 11830 (2015)
[41] J. Zhang, Y. Xuan, L. Yang, Int. J. Energy Res. 40(10), 1400 (2016)
[42] M. Mizoshiri, M. Mikami, K. Ozaki, Jpn. J. Appl. Phys. 51(6 PART 2) (2012)
[43] X. Ju, Z. Wang, G. Flamant, P. Li, W. Zhao, Sol. Energy 86(6), 1941 (2012)
[44] Y. Li, S. Witharana, H. Cao, M. Lasfargues, Y. Huang, Y. Ding, Particuology 15, 39 (2014)
[45] E. Elsarrag, H. Pernau, J. Heuer, N. Roshan, Y. Alhorr, K. Bartholomé, Renew. Wind Water Sol. 2(1), 16 (2015)
[46] E. J. Skjϕlstrup, T. Sϕndergaard, Sol. Energy 139, 149 (2016)
[47] M. Hajji, H. Labrim, M. Benaissa, A. Laazizi, H. Ez – Zahraouy, E. Ntsoenzok, J. Meot, A. Benyoussef, Energy Convers. Manag. 136, 184 (2017)
[48] Y. Vorobiev, J. González – Hernández, P. Vorobiev, L. Bulat, Sol. Energy 80, 170 (2006)
[49] J. Zhang, Y. Xuan, L. Yang, Energy 78, 895 (2014)
[50] R. Lamba, S. C. Kaushik, Energy Convers. Manag. 115, 288 (2016)
[51] W. Lin, T. M. Shih, J. C. Zheng, Y. Zhang, J. Chen, Int. J. Heat Mass Transf. 74, 121 (2014)
[52] W. Zhu, Y. Deng, Y. Wang, S. Shen, R. Gulfam, Energy 100, 91 (2016)
[53] S. Soltani, A. Kasaeian, H. Sarrafha, D. Wen, Sol. Energy 155, 1033 (2017)
[54] G. Li, X. Zhao, J. Ji, Energy Convers. Manag. 126, 935 (2016)
[55] M. Fisac, F. X. Villasevil, A. M. López, J. Power Sources 252, 264 (2014)
[56] H. Karami – Lakeh, R. Hosseini – Abardeh, H. Kaatuzian, Int. J. Thermophys. 38(5), 1 (2017)
[57] Y. Deng, W. Zhu, Y. Wang, Y. Shi, Sol. Energy 88, 182 (2013)
[58] D. Kossyvakis, G. Voutsinas, E. Hristoforou, Energy Convers. Manag. 117, 490 (2016)

[59] K. T. Park, S. M. Shin, A. S. Tazebay, H. D. Um, J. Y. Jung, S. W. Jee, M. W. Oh, S. D. Park, B. Yoo, C. Yu, J. H. Lee, Sci. Rep. 3, 2123 (2013)
[60] M. Mohsenzadeh, M. Shafii, H. J. Mosleh, Renew. Energy 113 (Supplement C), 822 (2017)
[61] E. A. Chavez - Urbiola, Y. V. Vorobiev, L. P. Bulat, Sol. Energy 86, 369 (2012)
[62] T. Cui, Y. Xuan, Q. Li, Energy Convers. Manag. 112, 49 (2016)
[63] O. Z. Sharaf, M. F. Orhan, Energy Convers. Manag. 121, 113 (2016)
[64] J. Zhang, Y. Xuan, Energy Convers. Manag. 129, 1 (2016)
[65] A. Rezania, L. Rosendahl, Appl. Energy 187, 380 (2017)
[66] O. Beeri, O. Rotem, E. Hazan, E. A. Katz, A. Braun, Y. Gelbstein, J. Appl. Phys. 118(11) (2015)
[67] T. J. Hsueh, J. M. Shieh, Y. M. Yeh, Prog. Photovolt. Res. Appl. 23(4), 507 (2015)
[68] B. Lorenzi, M. Acciarri, D. Narducci, J. Mater. Res. 30(17), 2663 (2015)
[69] R. Bjϕrk, K. K. Nielsen, Sol. Energy 120, 187 (2015)
[70] D. Li, Y. Xuan, Q. Li, H. Hong, Energy 126, 343 (2017)
[71] Y. Da, Y. Xuan, Q. Li, Energy 95, 200 (2016)
[72] G. Contento, B. Lorenzi, A. Rizzo, D. Narducci, Energy 131, 230 (2017)
[73] B. Lorenzi, G. Contento, V. Sabatelli, A. Rizzo, D. Narducci, J. Nanosci. Nanotechnol. 17(3), 1608 (2017)
[74] B. Luo, Y. Deng, Y. Wang, M. Gao, W. Zhu, H. T. Hashim, J. García - Cañadas, RSCAdv. 6(115), 114046 (2016)

第7章　光伏-热电-热力联产技术

摘要:本章将介绍用于太阳能转换的三重热电联产技术。太阳能转换技术的成本取决于转换效率、组件的可靠性和寿命、原材料的成本可能还包括存储成本,以及所有加工制造过程中产生的成本。最近,光伏和光热已经成为低成本发电的可行备选项。它们在太阳辐射光谱不同波段有不同的损耗,实际效率和理论效率均远远低于基本热力学极限效率。因此,将太阳光谱分离有利于它们在各自最佳波长范围内发挥作用。本章将介绍极具潜力的三重联产技术,包括已开发和实施的方案,通过光伏和热力复合发电。首先将太阳光谱分离,然后其中高能光子用于光伏发电,中等能量的光子用于配备底层朗肯循环(蒸汽动力循环)的热力发电,这样利用现有材料就可以使太阳能向电能转换效率达到50%。另外,系统获取的总能量中50%以上会以热能的形式储存起来用于日落后的发电,这样就可以在一天中的任何时间都高效利用太阳能和热能发电。

7.1　光伏-热电-热力联产技术相关概念

7.1.1　三重联产技术简介

直接利用收集的太阳能是能源领域的一个主要趋势。50多年来,能源领域在这方面持续进行研究,努力提高效率并优化成本。太阳能产业在过去八年中以约15%的年增长率迅速发展,其中包括每年发电能力的增长[1]。然而,2015年美国发电总量中仅有0.6%(约1.7×10^{11} kW·h)来自太阳能发电[2]。地球上太阳能密度的最大值是1 kW/m^2。考虑到部分区域被云层和雾气覆盖,北美地区白天的太阳能密度年平均值只有600~700 W/m^{2}左右。光伏电池可以直接利用太阳光子发电,但其工作原理限制了其转换效率[3]。在多结太阳能电池中,使用四种材料的堆叠结构,在500倍聚光条件下可以将能量转换效率提高到46%[4],但仍然远低于84.5%的热力学极限[5]。此外,这些多结电池通常比单结电池贵得多。虽然成本问题可以通过较大的聚光稍微缓解,但是,这种技术无法在夜间工作。而且,如果没有较昂贵的电力存储设备(即电池),该系统无法分派协调使用。热电材料可以直接将热量转化为电能,但由于热、电传递环节的基本联系,其效率也受到限制。因此,当前直接太阳能收集技术面临三大基本挑战:功率密度有限,效率值远低于热力学极限,工作时间受限(仅在日照时可以工作)。

本章探讨了三重联产技术的理念,即将三种不同的技术复合使用。每种技术都对应一定光谱范围,可以完全提取太阳光谱的能量。因此整个系统效率更接近理论(卡诺)极限,有利于改善上述前两种问题。使用热存储设备可以改变能量的使用时间,进而解决第三个问题。

那么接下来的问题是:"三重联产应该是什么样子的呢?"将太阳辐射光谱分裂成两个不同的辐照能量范围,每个范围对应一种不同的工作机制,这种技术称为选择性太阳能吸收和反射技术(Absorber Selective Solar and Reflector,SSAR)[6]。SSAR必须反射高能光子,吸收中能光子,并且反射低能光子以防止低能光子辐射热损失。用于#1结构的高能光子(紫外线和可见光)可以在光伏电池中直接发电;用于#2结构的中等能量光子可以产生热量,这种热可以直接使用,也可以通过热电收集转化为电力。三联装置最后的发电部件(#3)是一个装有高温储热装置的热-机能量转换设备(热机)。这种热机一般采用朗肯循环,效率几乎达到热力学极限,通常用于为每单位过热蒸汽(≈600 ℃)输出 10^7 ~ 10^9 W 的燃煤电厂发电。最近开发的有机朗肯循环(Organic Rankine Cycle,ORC)能输出小规模电力,在低温热源(≈200 ℃)条件下输送 10^5 W 的电能。第三台发电机具有准稳态运行的能力,可以通过低成本的储热手段改变工作时间。如果储热足够,这样的系统可以在整个晚上持续发电。该系统可以在太阳能光伏发电和太阳能热发电之间高度灵活地分配收集的太阳能。组件的尺寸和工作温度也是可以选择的,这有助于最大限度地降低整个系统的平准化能源成本(Levelized Cost of Energy,LCOE),包括对可调度电力组件的有利分配。资本成本(美元/瓦)可以作为一个重要的次要因素。

在进一步讨论之前,请注意,此处不考虑光伏和热电之间直接热耦的可能性(这在复合热电光伏发电机中是最受欢迎的选择——详见第5、6章),因为这种布局不可避免地降低了效率。实际上,复合系统中温差发电器高温端温度须限制在足够低的水平以防止光伏效率退化,同时还须保持低温端温度可以加热流过的流体,这将不可避免地减小热电部分的输出功率,以至于无法证明其使用(和成本)的合理性。

当结合光伏、热电和朗肯循环(Rankine Cycle,RC)时,三重联产的净输出功率为

$$W_{\mathrm{NET}} = W_{\mathrm{PV}} + W_{\mathrm{TE}} + W_{\mathrm{RC}} - (W_{\mathrm{pump1}} + W_{\mathrm{pump2}}) \tag{7.1}$$

当子系统分离并在其间传输能量时,会对效率产生不利的影响。不过,通过合理的设计可以将这种影响最小化。这样在不需要对现有热电材料、分光技术或光伏特性做出任何改进的情况下,整个系统的效率预计就可达到50%,并且可调度性能达到50%。图7.1展示的是计划方案的示意图。本节将讨论其背后的物理机制。

7.1.2 组件技术

三重联产技术一个必不可少的功能就是利用光谱选择设备将太阳辐射光谱

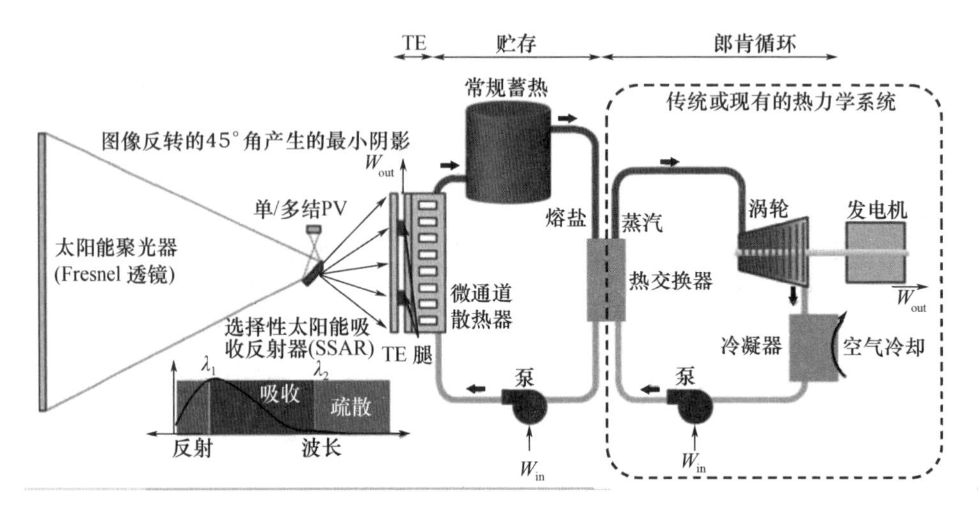

图 7.1 实验室实现的三重联产技术关键部件布置框图

（经许可据[7]修改）

分成两个可用的光谱范围。高频能量的光子可用于高效光伏发电,中等频率能量的光子可用于光热转换。后者可以使用一系列不同的热转换技术,包括热电、热机和热光电技术,并且还可能涉及低成本的储热设备。在下面的小节中,我们将详细讨论每个组件技术的运转。

光谱选择性太阳能滤光器是三重联产技术的基础。这个滤光器可以有多种不同的设计,其核心功能是将太阳辐射光谱分为至少两个可用光谱范围,从而按照理想情况把太阳光谱的每一部分发送到最能有效利用的地方。从热力学角度看,高能光子的最佳转换策略是用光伏直接转换为电能;而对于中等能量光子,尤其是能量小于 1 eV 的光子,特别是小于一个光伏带隙时,最有效的方案是用于热转换。然而,对于低能光子来说,最好完全不要吸收它们,这样有助于抑制红外辐射。下面将详细介绍。

上述思路最可行的方案就是 SSAR。太阳能选择性吸收表面能够清楚地区分这三个波长范围,并且只吸收中间范围。其具体构造如下:首先从高选择性太阳能吸收器开始。我们可以利用太阳表面(大约 5 500 ℃)和地面吸收体之间的温差所造成的能量谱密度差异提高太阳能利用率。根据维恩定律,辐射峰值波长与温度成反比,因此吸收器的发射光谱通常在较长波长处达到峰值,这就为区分短波长和长波长提供了可能。在短波范围内,大多数太阳辐射都可以被吸收,而长波范围内,大多数热辐射可以被抑制。在温度 T 和太阳聚光系数 C 条件下,总体性能可以用热传递效率 η_t 量化,得到[6,8]

$$\eta_t = B\bar{\alpha} - \frac{\bar{\varepsilon}\sigma T^4}{CI_s} \tag{7.2}$$

式中,B 是窗口透射率;$\bar{\alpha}$ 是平均光谱吸收率;$\bar{\varepsilon}$ 是平均光谱发射率(Stefan-

Boltzmann 常数）;I_s 是太阳常数,通常取 1 kW/m^2。

由于平衡状态下要求吸收率和发射率在每个波长匹配,平均光谱发射率将随着吸收温度的升高而逐渐增加,最终接近平均光谱吸收率。

被称为金属陶瓷的陶瓷 - 金属复合材料能够提供高水平的光谱选择性,在某些情况下可以接近理论极限。这种材料实现了低温工作条件下的商业应用,可吸收高达 95% 的太阳光,而只发射相当于同等温度黑体辐射 5% 的能量(100 ℃)。如果要在更高温度下达到相似效果,需要重新设计。这类金属陶瓷的理想材料是具有高熔点的金属,例如铜、金、镍、钼、铬、钴、铂和钨,此外还有电介质,如上述金属的氧化物及 SiO_2、Al_2O_3 和 MgO。其中,应用最广的选择性涂层是黑铬,即一种梯度 $Cr - Cr_2O_3$ 金属陶瓷[10-12],以及镍 - 阳极氧化铝[13、14]。人们已经制备了很多金属陶瓷,这些材料的特点是吸收率 $\bar{\alpha} > 0.9$,而发射率随温度剧烈变化[6,15]。表 7.1 中记录了最近研究的一些性能不错的金属陶瓷,其中双层金属陶瓷结构具有突出的优点。例如,Zhang 等人优化了铜基体上的 Mo:Al_2O_3 金属陶瓷,并在350 ℃下显示了较好性能[16]。研究还表明,W:AlN 金属陶瓷的性能在该温度下仅有轻微恶化[17]。除此之外,Al:AlON 金属陶瓷涂层在 80 ℃以下性能优异。最近的研究报道了熔点更高的金属陶瓷(图 7.2),如钨和氧化铝(蓝宝石的基本材料)等的性能。通过对不同使用条件下的结构进行优化,证明了该设计的可行性。对于非聚光($C = 1$)条件,吸收器温度 400 K 时,随着金属体积分数的增加,4 层 W:SiO_2 的 $\bar{\alpha} = 0.979$,$\bar{\varepsilon} = 0.042$(400 K),热传递效率为 0.843[19]。对于聚光($C = 100$)条件,吸收器温度为 1 000 K,优化后结构的性能为 $\bar{\alpha} = 0.945$,$\bar{\varepsilon} = 0.172$(1 000 K),热传递效率为 0.755 9[19]。计算表明,即使在 1 000 K 下运行,这种设计也能捕获高达 85% 的太阳光,相当于聚光 100 倍下的能量,或 500 倍聚光下能量的 91%。在1 000 K 下工作时,这种优化的 4 层结构在 100 倍聚光条件下的整体性能超过了文献中其他金属陶瓷基选择性太阳能吸收材料的性能[7,19]。

表 7.1　目前已发表的金属陶瓷材料体系实验数据对比

实验中金属陶瓷体系	吸收率 $\bar{\alpha}$	反射率 $\bar{\varepsilon}$(温度)	参考文献
Al_2O_3/Mo:Al_2O_3(f=0.34)/ Mo:Al_2O_3(f=0.53)/Mo	0.955	0.08 (350 ℃)	[20]
AlN/W:AlN/W:AlN/Al	0.94 ± 0.02	0.09 (350 ℃)	[17]
AlN/Al:AlON(f = 0.143)/ Al:AlON(f =0.275)	0.96	0.08 (80 ℃)	[18]

续表 7.1

实验中金属陶瓷体系	吸收率 $\bar{\alpha}$	反射率 $\bar{\varepsilon}$（温度）	参考文献
Al_2O_3/Al:AlON(f =0.093)/ Al:AlON(f = 0.255)/Al	0.974	0.033（80 ℃）	[8]
Almeco - TiNOX	0.95	0.05（20 ℃）	[19]

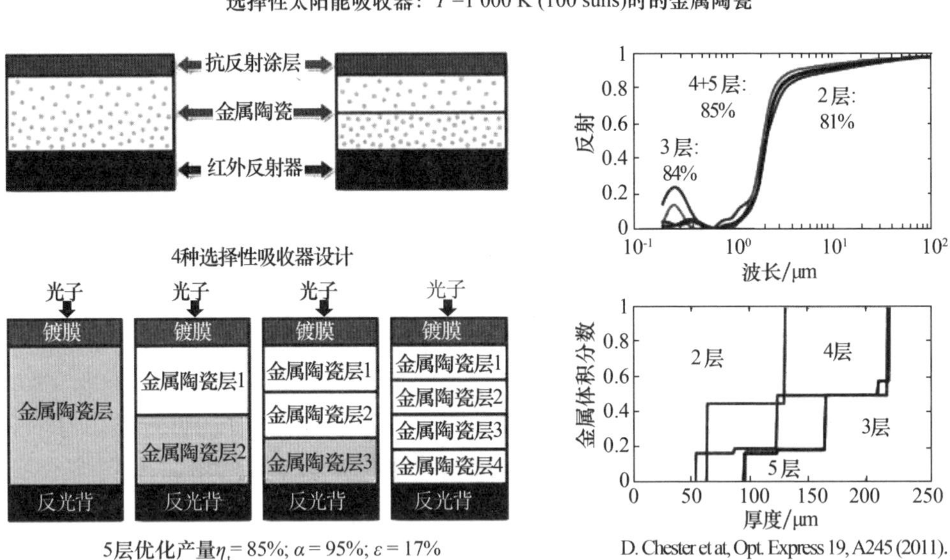

图 7.2　1 000 K 下基于金属陶瓷（钨和纳米氧化铝复合材料）的太阳能选择性表面
（经[7]许可改编）

另一种方案是使用半导体作为滤光器。具有直接带隙的本征或轻掺杂半导体通常会强烈吸收高于其带隙的能量，在能带边缘伴有乌尔巴赫尾带，但几乎不吸收低于带隙的能量。根据工作需求（如温度和所需的截止波长）的差异，不同的材料都或多或少适合这种设计。最近从理论上证明，这些材料的效率可以接近金属陶瓷[21]。虽然迄今为止已制备的结构还没有完全实现这一点，但较薄的结构有望在高温（至少 600 ℃）下获得成功[22]。

最后，要使这些选择性太阳能吸收材料有效反射高能光子，最直接的方法是在发射层顶部使用多层布拉格反射层。最近有实验表明，即使吸收器非常热，反射器也可以与该系统实现热解耦[23]。

7.1.3　聚光串联太阳能电池

太阳聚光度 C 是聚光串联太阳能电池设计的关键参数。根据太阳光能量聚集的规模，可以采用几种不同的聚光设计方案，例如带平面反射镜的塔式聚光系统[24]、三维抛物面型碟式聚光系统[25]、抛物面型槽式聚光系统[26]，或菲涅尔透镜[27]。其中，安装自动跟踪机构的方形菲涅尔透镜阵列可使系统具有最小集成度。例如，地图显示美国最佳日照强度为7.5 kW·h/m^2/天，按每天运行8 h，则平均效率约为1 kW/m^2[28]。假设一个模型单元包括一个方形菲涅耳透镜、一个光伏电池、一个工作面积1 m^2 的热电发生器，一个机械跟踪系统用于支撑整个装置，并可通过三维方向旋转来对准太阳。这样，达到100个太阳(或更多)的聚光度所需光伏电池和温差发电器的侧面面积很小，例如每平方米收集面积仅需要10×10 cm^2 的侧面面积。因此，机械夹具部分应该更关注透镜的支撑部件设计。

关于系统的机械结构在后面讨论。这里需要说明的是，带储热器的温差发电机紧紧覆盖在整个太阳能聚光单元阵列表面，以确保工质传输距离最小化。计算表明，一个由20个单元组成的阵列可以接收20 kW的太阳能，并产生10 kW的电力，总效率为50%，这相当于在5 kW的功率下运行8天8夜。

7.1.4　高温温差发电

本小节将主要介绍温差发电器模型。温差发电的理论能量转换效率为

$$\eta_{TE} = \left(1 - \frac{T_c}{T_h}\right)\left(\frac{m-1}{m+\frac{T_c}{T_h}}\right) \tag{7.3}$$

众所周知，给定高温端和低温端温度(T_h 和 T_c)情况下，利用式(7.3)可以得到温差发电器的最大效率。这里的 T_h 和 T_c 由能量平衡决定，在此无法确定，实际应用中需要进行递归计算来找到这些量的真实值。m 的值取决于内外电阻的比值，最优情况下为$\sqrt{1+Z\bar{T}}$[30]，其中 $\bar{T}$ 表示整个热电腿的平均温度(图7.3)。

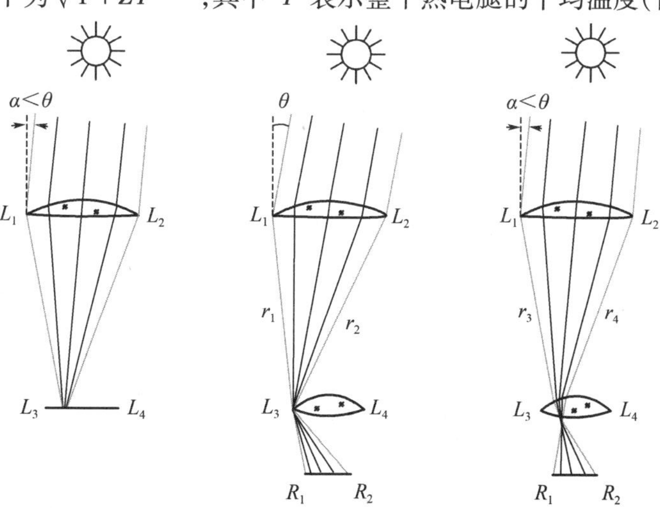

图7.3　用于太阳跟踪的菲涅耳透镜与科勒积分器组合示意图

(经[29]许可转载)

显然，作为集成系统的一部分，将能使用的热量最大可能地转化为输出功率是实现效率最大化的最佳解决方案。相比之下，在单一的温差发电系统中，高温端和低温端都存在不可逆热接触。因此，T_h 和 T_c 不会等于储热器的给定温度（热源 T_s 和热背景 T_a）。当 T_h 和 T_c 等于储热器温度的极端情况下，单个系统的效率值达到最大值，但功率输出为零（图 7.4）。这种关系由 Curzon - Ahlborn 导出[28]，此时热机的效率定义为最大输出功率时的效率 $\eta = 1 - \sqrt{\frac{T_a}{T_s}}$，而不是与最大效率关联的卡诺热机的效率 $\eta = 1 - \frac{T_a}{T_s}$。

为了获得最大功率输出，温差发电器的设计必须与外部热接触完全匹配（单一热流中的剩余热阻），或者，可以选择外部热接触来匹配温差发电器。在设计上，T_h 和 T_c的优化条件是确定的。

上述电热共优化分析模型适用于外部储能装置确定的所有温度范围。实际上，材料的性能受温度影响，因此，材料的选择必须与工作温度相适应。显然，既然 Seebeck 系数 S、导电率 σ 和导热率 β 都是与温度有关的性质，那么无量纲优值 ZT 也与温度有关。图 7.5 显示了典型材料的 ZT 是以温度为自变量的函数。只要正确表征材料性能，则任何热电材料 ZT 的峰值都会出现在特定的温度点上，这对系统在更高温度下服役非常重要。ZT 峰值与特定温度函数关系可以用 Seebeck 系数（热电功率）的显著变化来解释。在计算 ZT 时须对该系数进行平方，就像用电阻计算功率时须对电压平方一样（因为给定不同温度差下，产生的电压与 Seebeck 系数成正比）。为了适应大温差情况，人们提出了一种用多种异质材料制作热电支腿的方法，称之为分段腿[32]。另外，由热电支腿上产生的温度跨度（$T_h - T_c$）得出的平均 ZT 被视为真实性能。

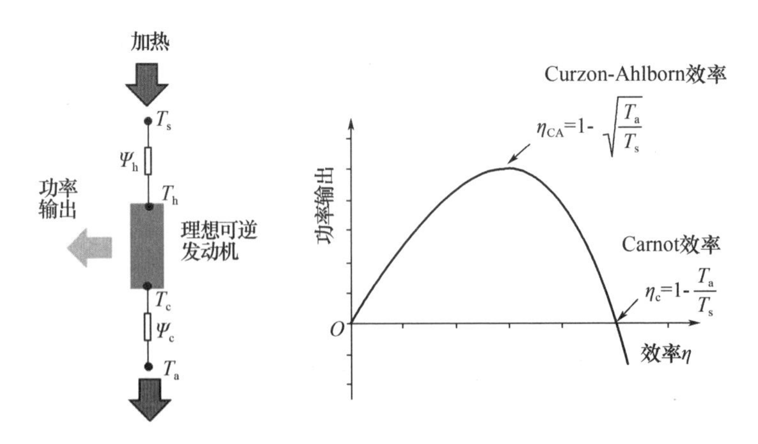

图 7.4　具有不可逆热接触（ψ_h和 ψ_c）的理想热机（$ZT \to \infty$）中功率输出与效率的关系

除热电性能外，还需要考虑其他重要的材料性能。由于热电组件的非均匀封装，材料与基板、焊料和涂层材料会出现热膨胀系数不匹配的情况。陶瓷与金属的结合就是典型的热膨胀不匹配，例如氮化物的线性热膨胀系数相对较小，为 $2\times10^{-6}\sim5\times10^{-6}\ K^{-1}$，而氧化物一般在 $5\times10^{-6}\sim10\times10^{-6}K^{-1}$ 范围内，金属的线性热膨胀系数则在 $10\times10^{-6}\sim20\times10^{-6}K^{-1}$ 范围内。半导体的热膨胀系数变化较大，但通常为 $2\times10^{-6}\sim7\times10^{-6}K^{-1}$。由于热流的开/关造成的温度变化较大，高温端与低温端温差大，所以与室温应用相比，连接界面处的应力控制非常重要。应力的解析分析和数值分析见图 7.5[34,35]。

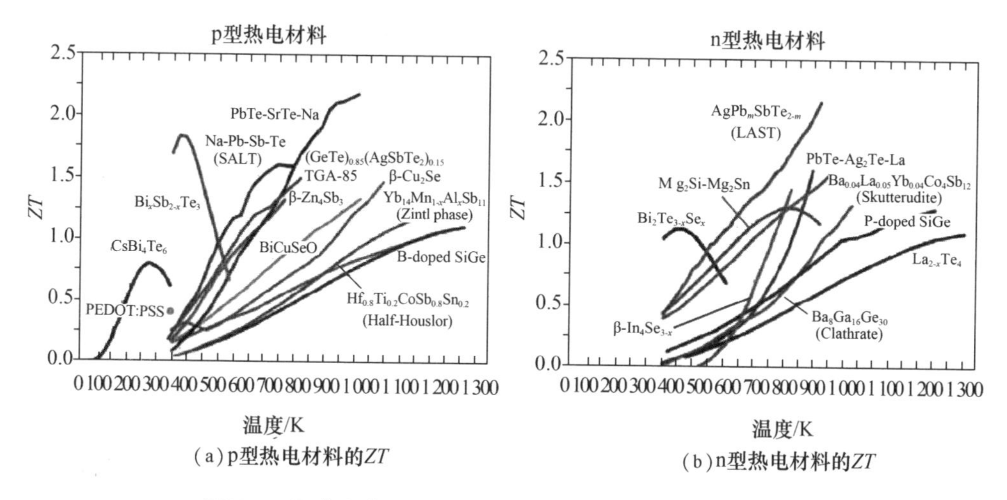

(a) p型热电材料的ZT　　(b) n型热电材料的ZT

图 7.5　目前所发现的最佳热电材料的与温度相关的 ZT 值

（经 [33] 许可修正）

7.1.5　高温储热

可调度性是在能源供应停止时分配能源的能力。太阳的特点导致供求之间存在巨大差距。充电电池当然是一种流行而简单的解决方案，可惜，现如今商用电池不如太阳能电池便宜。我们可以把 50% 的可调度性视为供需平衡状态，即白天和黑夜的用电量均为 50%。太阳能光伏电池的合理市场定价（2.2 美元/W）1 kW功率输出约为 2 200 美元[36]，而可充电电池，即锂离子电池，4 h × 1 kW（预计每天总耗电量的 50%）的成本可能为 4 000 美元（1 000 美元/(kW · h)）[37]。

另有一套方案是应用三重联产技术。温差发电器排出的废热可在储热器中储存，随后用于发电。这样可以利用温差发电机调整系统的工作时间，避免了使用充电电池。

理论上讲，温差发电产生废热的温度可达到朗肯循环（蒸汽轮机）工作的温度，最高可达 540 ℃[38]。这个温度达到了太阳能塔式发电站（如 1995 年在美国加利福尼亚州莫哈韦沙漠改造的 Solar Two 发电站）中熔盐（例如 60% 硝酸钠和 40%

硝酸钾的复合物)储热材料的工作温度[39]。Solar Two 发电站的工作温度大约在 350～380 ℃的范围内。这些材料在熔点的黏度与室温下水的黏度相当接近,而在 0.5～1 MPa 的压力下则略高[40],因此,其流体动力学与水非常相似。

除了单位时间内有较大的潜热损失外,储热器和泵系统的设计类似于热水储水系统,其绝热性能至关重要。这一课题在太阳能光热系统中已被研究多年,并已开发出实用的候选材料[41]。

为了简洁明了地对比电池方案和储热方案,应该知道虽然锂离子的功率密度比朗肯循环大 2～3 倍,但锂离子电池的能量密度小于储热的能量密度。因此,很难将二者直接进行比较。但是随着系统的规模越来越大,使用朗肯循环储热的净效益将更大。大型朗肯循环系统的效率为 40%～43%。在下一节中将介绍更多细节。

7.1.6 热机

热力学循环,特别是朗肯循环,是三重联产技术中的基础部分,降低了整个部件的热源温度。热力学循环技术适用于开放式循环(外燃机循环),其中朗肯循环是使用最广泛的一种。蒸汽轮机在大容量(100 kW～500 MW)的发电厂中已广泛应用,最近有机朗肯循环在较低温度的热源(通常为 500 W～1 MW)中也有报道,通常用于余热回收或地热发电。有机朗肯循环系统使用一些碳基大分子质量流体的变体,并以工作流体的名称命名。最大的单一有机朗肯循环系统容量为 16 MW,用于地热发电[42]。有机朗肯循环系统的效率取决于工作流体的入口温度和冷凝温度,由于低热态的热力学性质,以及有机工质较小的热焓,其性能低于汽轮机。典型的有机朗肯循环系统的净能源效率在 5% ～15% 范围内[43],而燃煤蒸汽轮机的一次能源效率在 40% 内[44],但有机朗肯循环系统在冷却耗水量方面降低了 5%[45]。

7.2 三重联产系统效率

三重联产系统的整体性能受多个因素影响,而分光质量的限制始终存在——既要低于一定阈值,又要依赖具体的技术——所以使用分光质量来评估系统的整体性能是没有意义的。但是,如果分光技术(如 SSAR)足够精确,那么计算整个系统的性能也有一定参考价值。尽管理论上太阳能光热发电比太阳能光伏发电有更高的效率极限,但在实际中,太阳能光伏发电通常具有更高的效率,因为它们发电的步骤少。因此,作为比简单电池更具潜力的改进方法,我们可以使用串联电池效率的世界纪录 31% 作为检查三重联产技术的阈值。接下来的一节将重点介绍光伏－热电－朗肯循环三重联产技术的详细情况,并通过一个数学模型计算系统效率。在该模型中,系统效率是关于基本组成部分的函数。最后分析聚光度变化对效率的影响,以及将这些系统拓展到不同尺寸的应用前景。

7.2.1　光谱集成系统建模与协调

卡诺效率 η_c 是系统将热能转换成电能的最大转换效率。根据太阳能转换的温度特点，该热力学效率极限依赖于是否包括任何附加损耗机制，通常在 85% 到 95% 之间[46]。

三重联产系统的总体性能可表示为

$$\eta = \eta_{pv} + \eta_{SSS}[\eta_{te} + (1 - \eta_{te})\eta_{me}] \tag{7.4}$$

式中，η_{SSS} 是太阳能选择性吸收表面（Selective Solar Surface，SSS）吸收的太阳辐射比例；η_{te} 是热电组件效率；η_{pv} 是利用反射光的光伏组件效率，其值不能超过 $1-\eta_{SSS}$；η_{me} 是热机转换效率。

现在可以计算整个系统在给定测试条件下的性能。在 500 个太阳光照强度下用光谱选择性吸收材料反射太阳光，并在可变的带隙处分光。图 7.6 显示了系统效率（图 7.6（a））和可调度性（图 7.6（b））与带隙（X 轴）和 SSAR 高温端温度 T_{SSS}（Y 轴）的函数关系。热部件由热电组件和朗肯循环组成，从 37 ℃（低温端）到 SSAR 的最低温度 T_{SSS} 或 550 ℃。为了方便起见，假设朗肯循环的效率是卡诺效率的 2/3。如果假设 T_{SSS} = 1 000 ℃，热电材料由硅锗合金组成，串联光伏材料的带隙为 1.7 eV 和 2.2 eV（例如使用 InGaAlP/GaInP），该系统在 72 ℃下工作时，最大系统效率将为 50%。因此，使用该系统会极大提高系统的效率，即使与串联电池的最高效率记录 31% 相比也是如此[4]。此外，如果装配足够多的储热器，那么高达 63% 能量会被储存数小时。这些能量将足以维持一整天的发电量，而它们的平均能耗仅为 1.5%[7]。这样一来，平准化的能源成本可能低至每千瓦时 5.8 美分（假设 7% 的贴现率，30 年的使用寿命）[7]。

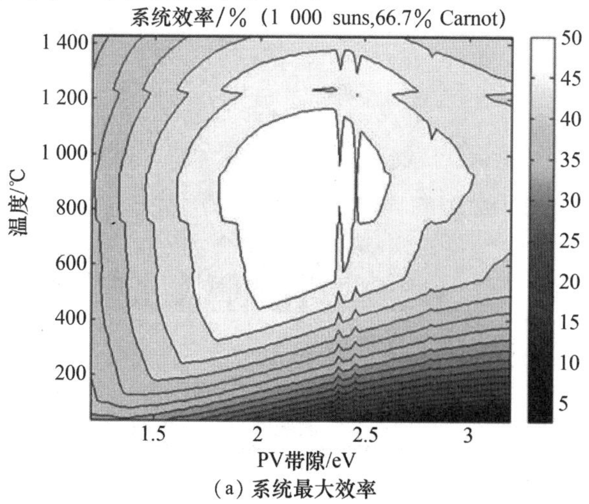

（a）系统最大效率

图 7.6　系统最大效率以及可调度能量比例与光伏带隙和太阳能选择性吸收反射层工作温度的函数关系

（系统使用串联光伏电池，热电材料 ZT = 1，热机效率为卡诺效率的 2/3。经[7]许可改编）

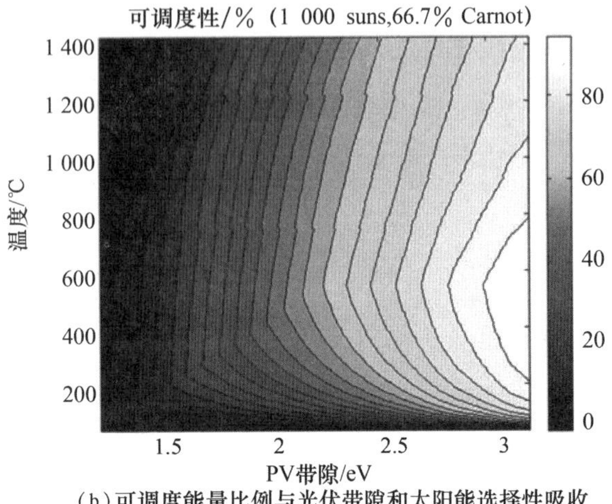

(b)可调度能量比例与光伏带隙和太阳能选择性吸收反射层工作温度的函数关系

续图 7.6

有前景的潜在应用领域包括可以取代火力发电厂承担基本负荷的规模发电，家庭和个人的独立可调度发电，以及当现有基础设施受到长期损坏时，通过当地微电网形成应急救援。大规模制造这些系统甚至有可能在能源领域创造新的、具有战略意义的就业机会。

7.2.2 效率和聚光度

本小节将重点讨论聚光度为 500 个太阳的聚光光电模块。集成铜基板用于快速冷却，电子设备用于提取电力(图 7.7)。

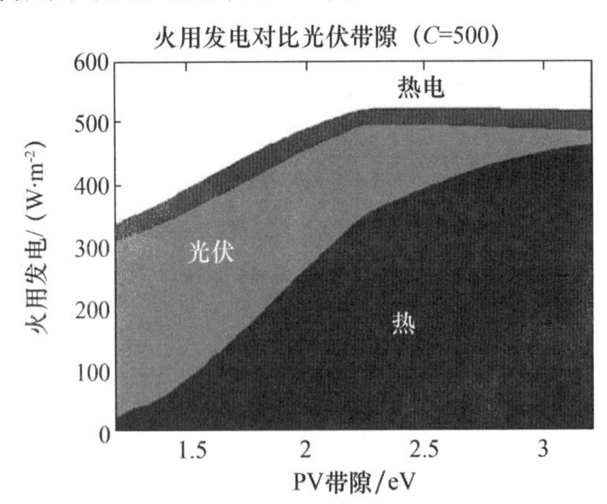

(a)当太阳能吸收材料处于恒温(800 ℃)时电能产出与光伏带隙的关系①

图 7.7 光伏带隙和太阳能吸收材料对电能产出的影响

(经[7]许可改编)

① 译者注：怀疑此处有印刷错误。

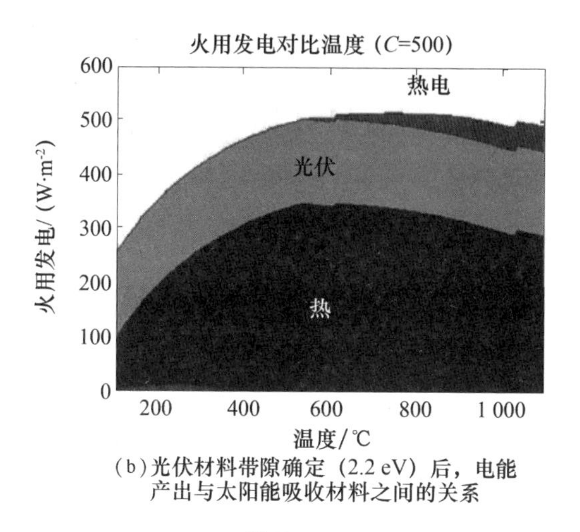

(b)光伏材料带隙确定 (2.2 eV) 后，电能产出与太阳能吸收材料之间的关系

续图 7.7

一般情况下，在 1 个太阳聚光度下串联电池的效率超过 31%，有报道显示在数百个太阳聚光度下串联 5 结电池组效率可达到 46% 以上。然而，在足够的聚光度下，只需将两种不同带隙的光伏材料串联就能达到 40% 以上的效率[46]。从图 7.8 中可发现两极串联连接的电池的最大效率是较低光伏带隙(x 轴)与较大光伏带隙(y 轴)之间的函数。对于 1.1 eV 和 1.7 eV 的带隙，总效率最高为 42.2%。然而，降低绝对效率的损失就需要提供更高的带隙。因此，较低带隙达到 1.7 eV，串联系统效率仍然可以超过 40%。

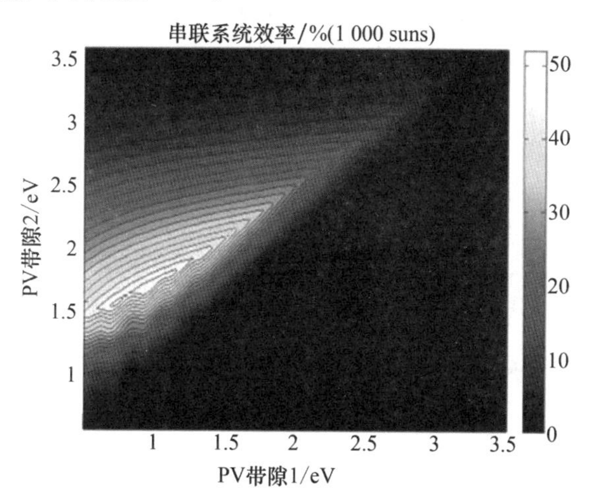

图 7.8　1 000 太阳聚光度下两极串联电池的光伏转换效率与较低的光伏带隙 1(x 轴)和较高的光伏带隙 2(y 轴)的比较(对于 1.1 eV 和 1.7 eV 的带隙情况下，观察到最佳效率为 42.2%)

为了证明所给出的图像和结果是正确的，可以按如下方式进行计算。从光伏

二极管的能量转换效率开始，计算方法由[21]给出：

$$\eta = \frac{J_{sc} V_{oc} \mathrm{FF}}{C I_s} \tag{7.5}$$

式中，V_{oc}是开路电压；J_{sc}是短路电流；FF 是填充因子；C 是太阳聚光度；I_s是太阳常数，一般取 1 kW/m^2。

短路电流密度直接取决于入射光的吸收率，即

$$J_{sc} = \int \mathrm{d}\lambda \left[\frac{e\lambda}{hc} \frac{\mathrm{d}I}{\mathrm{d}\lambda} A(\lambda) \mathrm{IQE}(\lambda) \right] = \int \mathrm{d}\lambda \omega(\lambda) A(\lambda) \mathrm{IQE}(\lambda) \tag{7.6}$$

式中，$A(\lambda)$是吸收率；IQE(λ)是内部量子效率；$\mathrm{d}I/\mathrm{d}\lambda$ 是太阳能电池单位波长的暴露光强（由 ASTM AM1.5G 太阳光谱[47]给出）；e 是电子的基本电荷；h 是普朗克常数；c 是光速。在计算中，假设当 $\lambda \leqslant \lambda_g$ 时 IQE$(\lambda)=1$，否则为 0。然后使用下式计算开路电压：

$$qV_{oc} = E_g - nk_b T \ln \frac{A}{en_{ph}} \tag{7.7}$$

式中，n 是二极管理想系数。

使用减小了的 V_{oc}（$z_{oc}=qV_{oc}/nK_B T$）计算填充系数 FF：

$$\mathrm{FF} = \frac{z_{oc} - \ln(z_{oc} + 0.72)}{z_{oc}} \tag{7.8}$$

7.2.3 系统尺寸变化的影响

系统的规模和输出功率并不是线性关系。因为当系统规模增加时，热力学循环会更有效地工作。三重联产的最小规模输出功率预设在 10 kW 或更大，可支持一个几户到几十户的小型社区。该系统将适用于所谓的微电网设计，并在任何未并入电网的地方发挥作用。

7.3 太阳能光伏/热光电/热三重联产

本节将讨论用热光电材料替代热电材料的潜在优势。太阳能热光电组件本身的理论效率接近 85%，这个值甚至高于前面讨论的联产系统[48]，而热光电组件实现的热到电的转换效率仅为 24%。因此，虽然热光电组件本身还不能取代最好的光伏二极管，但作为高效转换利用的技术之一，它们有潜力取代温差发电组件。

7.3.1 TPV 集成系统

对于中等能量光子，热光电材料（Thermophotovoltaic，TPV）可以作为热电材料的直接替代品。在这里，我们称传统的太阳能光伏材料为“光学光伏”，以便将其与 TPV 材料明确地区分开。类似于光学光伏，TPV 一般使用一个光电二极管来产生电能，但优化后的平均波长明显更长，这意味着这种半导体的带隙更低，例如砷

化铟镓(InGaAs)或锑化镓(GaSb)等,而不是像晶体硅、碲化镉、铜铟硒化镓(CIGS)或砷化镓等标准光学光伏材料那样具有较大的带隙。

热光电系统通常由热发射器组成,这种热发射器吸收近红外(Near Infra-red, NIR)和红外(Infra-red, IR)波长,并选择性地向低带隙光电二极管发射特定波长。上文已经说明,选择性吸收器已经在系统中作为热辐射源工作,因此探索这种组合有很大的益处。TPV个体的能量转换效率是由式(7.4)给出的TPV二极管的功率转换效率。开路电压式(7.6)取决于复合项A,通常至少由辐射复合机制和Shockley-Read-Hall复合机制组成,根据[21]:

$$A = \frac{q(\varepsilon+1)E_g^2 k_B T}{4\pi^2 \hbar^3 c^2} + \frac{4qD}{L_D N_D}\left(\frac{k_B T\sqrt{m_e^* m_h^*}}{2\pi\hbar^2}\right)^3 \tag{7.9}$$

式中,ε是介电常数;$\hbar$是约化普朗克常数;c是光速;D是扩散系数;L_D是扩散距离;N_D是缺陷密度;m_e^*和m_h^*分别是电子和空穴的有效质量。一般来说,一些附加项如俄歇复合,可以在高注入电流的情况下加入公式。暗电流由$J_s = Ae^{-E_g k_B T}$给出。

填充系数FF可用式(7.7)估算为FF_{sh}:

$$FF_s = FF_o[1 - 1.1r_s] + 0.185r_s^2 \tag{7.10}$$

以及

$$FF_{sh} = FF_s\left[1 - \left(\frac{V_{oc}+0.7}{V_{oc}}\right)\frac{FF_s}{r_{sh}}\right] \tag{7.11}$$

式中,$r_s = I_{sc}R_s/V_{oc}$是约化的串联电阻;$r_{sh} = I_{sc}R_{sh}/V_{oc}$是约化的分流电阻。短路电流$J_{sc}$式(7.5)可改写为

$$J_{sc} = \int_0^\infty d\lambda \frac{2qc}{\lambda^4}\frac{\varepsilon(\lambda)EQE(\lambda)}{\exp(hc/\lambda k_B T) - 1} \tag{7.12}$$

式中,q是电子电荷;c是真空中光速;λ是波长;$\varepsilon(\lambda)$是发射极的发射率;$EQE(\lambda)$是组件的外量子效率;V是电压;T_d是组件温度。显然,预测所有这些量的精确值非常重要,并且需要一个强大的模拟结构。

电光耦合模拟结构(图7.9)由对先前用于纳米线太阳能电池的研究改造而来[50],该模型将电子输运的漂移扩散模型与光热传输时域有限元模拟结合了起来。

7.3.2 实际中要考虑问题

转换效率意味着能量转换剩余的能量全部生成了热量,这在光伏中为常见的电子-空穴复合过程。光子在价带中激发出了高能载流子,其中一些产生了电势并将电流引导到负载中。同时,更多的高能载流子散射形成声子和负载流子。前者会直接产生热量,后者产生了光子的同时产生热量。由于材料带隙较小,相应的热损失可超过最佳太阳能光伏组件中测量到的热损失[51]。

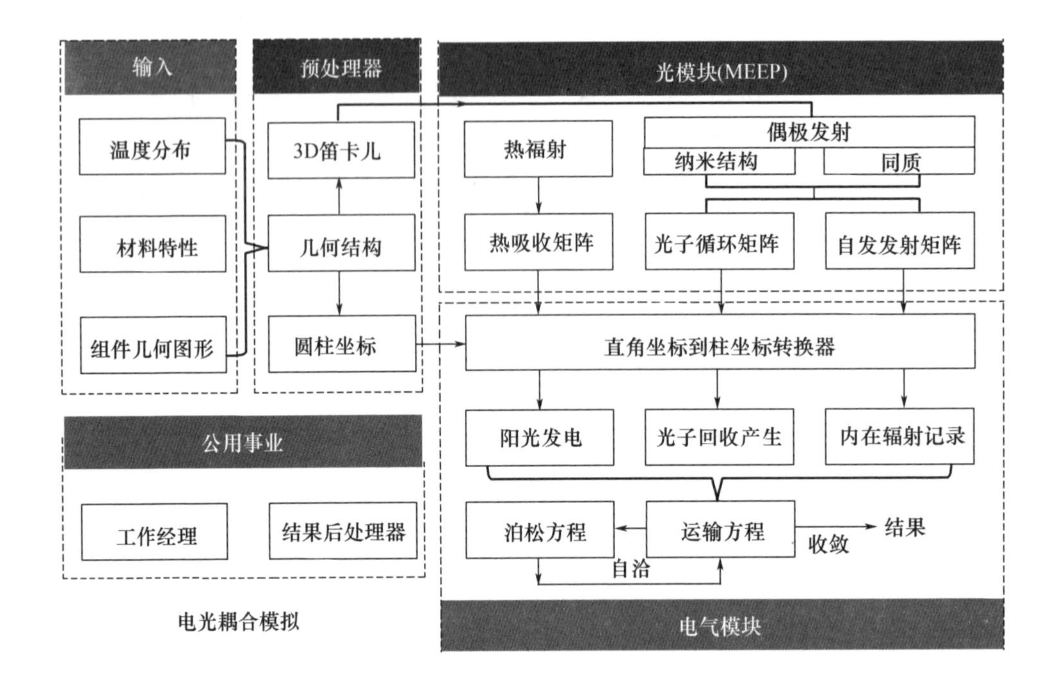

图 7.9　热光电系统发电的电 - 光耦合仿真结构,用于精确地设计基于新型半导体的选择性发射极和光伏电池,并调整性能以匹配 TPV 选择性发射极光谱

(改编自[50])

由于涉及热量的产生,$I-V$ 特性的温度依赖性需要谨慎对待。例如,砷化镓基材料的最高工作温度为 345 K[52]。这显然需要一个良好的散热器将多余的热量排放到环境中,这也证实了从 TPV 回收废热的机会较少。此时,在最大功率输出条件下,余热回收效率应远低于 6.7%(Curzon - Ahlborn 效率)。这种效率是可逆热机的理论上限。

纵观整个太阳光谱,使用当前可用的选择性发射器和吸收器组装的系统在 900 ℃下运行时,总效率估计可以超过 50%。

在三重联产概念中,使用 TPV 的一个重大难题是光 - 电直接转换的热力学损失产生了热量。这个问题是光伏技术的一个共同难题,而 TPV 组件中光电二极管电池带隙特性低会使得该问题更为严重。

另一种可能是将 TPV 与选择性光伏发电相结合。该系统有一个高性能的液冷基架(冷板),既用于光学光伏,也用于带太阳能选择性吸收和反射的 TPV。驱动液泵循环制冷剂的冷却作用可以补偿在独立的聚光光伏系统上添加热光电系统产生的成本。

7.4 本章小结

综上所述，我们提出了一种能将太阳能转化为电能的有效方法，即三重联产方法。如图7.1所示，这种方法的基础分别是将太阳光谱分为光伏和光热波长范围，以及优化整个系统设计，以最大化净输出功率。光伏方面的应用可以使用现有技术来实现，重点是使用高带隙材料，如Ⅲ磷化物（Ⅲ－PS）。我们发现，通过适当的设计，利用现有的材料就可将太阳能转化为电能的转换效率提高至50%，其中50%或更多的能量可使用低成本的热储存技术储存。因此，这种方法有可能在整个白天和晚上为负载持续供电。

参考文献

[1] Solar Energy Industry Association, Solar industry data, yearly U. S. solar installation by 2016 (2016), http://www.seia.org/research－resources/solar－industry－data

[2] Lawrence Livermore National Laboratory, EstimatedU. S. energy consumption in 2015 (2016), https://upload.wikimedia.org/wikipedia/commons/e/ec/Energy_US_2015.png

[3] W. Shockley, H. J. Queisser, J. Appl. Phys. 32(3), 510 (1961)

[4] M. A. Green, K. Emery, Y. Hishikawa, W. Warta, E. D. Dunlop, Prog. Photovoltaics Res. Appl. 23(1), 1 (2015)

[5] P. Wuerfel, Sol. Energy Mater. Sol. Cells 46(1), 43 (1997)

[6] P. Bermel, J. Lee, J. D. Joannopoulos, I. Celanovic, M. Soljacie, Ann. Rev. Heat Transfer 15(15), 231 (2012)

[7] P. Bermel, K. Yazawa, J. L. Gray, X. Xu, A. Shakouri, Energy Environ. Sci. 9(9), 2776 (2016)

[8] Q. C. Zhang, J. Phys. D Appl. Phys. 32(15), 1938 (1999)

[9] T. Sathiaraj, R. Thangaraj, H. A. Sharbaty, M. Bhatnagar, O. Agnihotri, Thin Solid Films 190(2), 241 (1990)

[10] G. E. McDonald, Sol. Energy 17(2), 119 (1975)

[11] J. C. C. Fan, S. A. Spura, Appl. Phys. Lett. 30(10), 511 (1977)

[12] C. M. Lampert, J. Washburn, Sol. Energy Mater. 1(1－2), 81 (1979)

[13] Å. Andersson, O. Hunderi, C. G. Granqvist, J. Appl. Phys. 51(1), 754 (1980)

[14] A. Scherer, O. T. Inal, R. B. Pettit, J. Mater. Sci. 23(6), 1934 (1988)

[15] C. E. Kennedy, Review of mid - to high - temperature solar selective absorbermaterials. Technical Report No. TP - 520 - 31267 (2002)
[16] Q. C. Zhang, Sol. Energy Mater. Sol. Cells 62(1 - 2), 63 (2000)
[17] Q. C. Zhang, J. Phys. D Appl. Phys. 31(4), 355 (1998)
[18] Q. C. Zhang, K. Zhao, B. C. Zhang, L. F. Wang, Z. L. Shen, D. Q. Lu, D. L. Xie, B. F. Li, J. Vac. Sci. Technol. A Vac. Surf. Films 17(5), 2885 (1999)
[19] D. Chester, P. Bermel, J. D. Joannopoulos, M. Soljacic, I. Celanovic, Opt. Express 19(S3), A245 (2011)
[20] Q. C. Zhang, Y. Yin, D. R. Mills, Sol. Energy Mater. Sol. Cells 40(1), 43 (1996)
[21] P. Bermel, W. Chan, Y. X. Yeng, J. D. Joannopoulos, M. Soljacic, I. Celanovic, in *Thermophotovoltaic World Conference*, vol. 9 (2010)
[22] H. Tian, Z. Zhou, T. Liu, C. Karina, U. Guler, V. Shalaev, P. Bermel, Appl. Phys. Lett. 110(14), 141101 (2017)
[23] O. Ilic, P. Bermel, G. Chen, J. D. Joannopoulos, I. Celanovic, M. Soljačić, Nat. Nanotechnol. 11(4), 320 (2016)
[24] US Department of Energy, Office of Energy Efficiency and Renewable Energy, Power tower system concentrating solar power basics (2013), https://energy.gov/eere/energybasics/articles/power - tower - system - concentrating - solar - power - basics
[25] N. S. Kumar, K. Reddy, Energy Convers. Manag. 49(4), 812 (2008)
[26] M. Giuffrida, G. P. Tornielli, S. Pidatella, A. Repetto, E. Bellafronte, P. E. Zani, in *Photovoltaic Solar Energy Conference* (Springer, Netherlands, 1981), pp. 391 - 395
[27] S. A. Kalogirou, Prog. Energy Combust. Sci. 30(3), 231 (2004)
[28] NREL, Concentrating solar resource of the united states (2012), http://www.nrel.gov/gis/images/eere_csp/national_concentrating_solar_2012 - 01.jpg
[29] J. Chaves, *Introduction to Nonimaging Optics*, 2nd edn. (CRC Press, 2015)
[30] K. Yazawa, A. Shakouri, J. Appl. Phys. 111(2), 024509 (2012)
[31] F. L. Curzon, B. Ahlborn, Am. J. Phys. 43(1), 22 (1975)
[32] T. Caillat, J. P. Fleurial, G. Snyder, A. Zoltan, D. Zoltan, A. Borshchevsky, in *Proceedings of the 18th International Conference on Thermoelectrics* (Cat. No. 99TH8407) (IEEE, 1999)
[33] M. Rull - Bravo, A. Moure, J. F. Fernández, M. Martín - González, RSC Adv. 5(52), 41653 (2015)

[34]E. Suhir, A. Shakouri, J. Appl. Mech. 80(2), 021012 (2013)
[35]A. Ziabari, E. Suhir, A. Shakouri, Microelectron. J. 45(5), 547 (2014)
[36] http://news. energysage. com/how - much - does - the - average - solar - panel - installation - cost - inthe - u - s/
[37] https://electrek. co/2017/01/30/electric - vehicle - battery - cost - dropped - 80 - 6 - years - 227kwhtesla - 190kwh/
[38]S. Imano, E. Saito, J. Iwasaki, M. Kitamura, High - temperature steam turbine power plant, U. S. Patent No. US 8201410 B2 (2012)
[39]H. E. Reilly, G. J. Kolb, An evaluation of molten - salt power towers including results of the solar two project. Technical Report (2001)
[40]S. Mahiuddin, K. Ismail, Fluid Phase Equilib. 123(1 - 2), 231 (1996)
[41]S. W. Moore, in *Solar Collectors, Energy Storages, and Materials*, ed. by F. de Winter (MIT Press, 1990), pp. 831 - 880
[42]https://www. turbomachinerymag. com/the - high - 16 - mw - turbine - for - a - geothermal - plant - incroatia/
[43] R. Rowshanzadeh, Performance and cost evaluation of organic rankine cycle at different technologies. Master thesis, KTH Royal Institute of Technology, Sweden, 2010
[44]K. Yazawa, M. Hao, B. Wu, A. K. Silaen, C. Q. Zhou, T. S. Fisher, A. Shakouri, Energy Convers. Manag. 84, 244 (2014)
[45] Electric Power Research Institute, Program on technology innovation: New concepts of water conservation cooling and water treatment technologies. Technical Report 1025642 (2012)
[46]C. H. Henry, J. Appl. Phys. 51(8), 4494 (1980)
[47]ASTMG173 - 03, Standard tables for reference solar spectral irradiances: Direct normal and hemispherical on 37 degree tilted surface (2005)
[48]N. P. Harder, P. Wuerfel, Semicond. Sci. Technol. 18(5), S151 (2003)
[49]B. Wernsman, R. Siergiej, S. Link, R. Mahorter, M. Palmisiano, R. Wehrer, R. Schultz, G. Schmuck, R. Messham, S. Murray, C. Murray, F. Newman, D. Taylor, D. DePoy, T. Rahmlow, IEEE Trans. Electron Devices 51(3), 512 (2004)
[50]X. Wang, M. R. Khan, M. Lundstrom, P. Bermel, Opt. Express 22(S2), A344 (2014)
[51]M. G. Mauk, in *Mid - infrared Semiconductor Optoelectronics* (Springer, London, 2006), pp. 673 - 738
[52]B. Kucur, M. Ahmetoglu, I. Andreev, E. Kunitsyna, M. Mikhailova, Y. Yakovlev, Acta Phys. Pol. A 129(4), 767 (2016)

第8章　太阳能复合收集系统：技术挑战、经济问题和前景

摘要：本章将首先总结前几章所涉及的主要问题，比较分析当前和未来热电和光伏发电机复合应用的可能性，之后讨论材料需求、技术开放和市场等相关问题。此外，将比较几种复合系统方案，分析 HTEPV 的成本回收问题。研究表明，光伏材料是 HTEPV 在可再生能源开发中发挥作用的关键。本章还将强调重新考虑温差发电器布局的重要性，以及在聚光太阳能发电机中实现动力复合的优点。总之，本章将证明温差发电器与光伏电池的复合有利于第三代光电材料——目前主要是硅基材料——的发展。在这种情况下，两种系统复合可能会导致太阳能组件市场的分化。

8.1　引言

本章针对前几章讨论的新材料和新技术等如何进入太阳能复合收集领域，特别是热电－光伏发电机领域进行了探讨。

首先回顾前几章得出的主要结论，总结材料和技术方面的难题。在 1.1.2 节中已经介绍了技术是如何影响太阳能市场的，因此第二部分将重点介绍复合式收集系统在市场化过程中将要面临的经济问题。硅基电池和模块（第一代和第二代）所有权成本有助于预测其他替代技术必须解决的电力和能源成本。因此，HTEPV 虽然还处于初级阶段，但是无论是在当下还是在未来都是一种具有较强竞争力的太阳能发电技术。本章将对 HTEPV 设备的前景进行最后评论。

8.2　光伏材料和热电材料

制造一台高效的、能盈利的 HTEPV 发电机需要对每一步精心设计，第一步便是选择光伏吸收器的材料和热电材料。前面已经讲过光伏材料对复合系统发电效率的影响，当然这里并不包括普通的光伏系统（如非聚光多晶硅），以及为什么那些在中低温区域 *ZT* 优异的材料仍然会取代低成本环境友好型料制作热电腿。

硅目前仍然是光伏技术的主导材料。硅晶圆（c－Si）由于其在光转换方面的稳定性、易加工性、高性能、无毒和高可靠性，是目前应用最广泛的材料[1]。而晶圆基 c－Si 电池的发展也得益于50多年的制造经验和丰富的技术积累。

除硅之外，其他光伏材料在过去的十年中也受到了关注。非晶硅由于生产成

本低，在薄膜光伏电池的发展中占据重要地位，然而，它的发展在一定程度上受到转化效率和稳定性的影响[2]。

碲化镉（CdTe）太阳能电池已用于制备薄膜光伏电池。对所有光伏技术的服役寿命周期分析表明，CdTe 光伏电池的碳足迹最小，耗水量最低，能量回收时间最短[3-4]。然而镉的毒性问题限制了 CdTe 光伏电池的进一步发展。此外，碲产量有限而需求不断增长已成为 CdTe 技术推广的另一个限制因素。尽管如此，CdTe 太阳能电池仍占全球光伏发电量的 5.1%。

铜铟镓硒（$CuIn_xGa_{(1-x)}Se_2$，CIGS）因其具有单结太阳能电池的最佳带隙而引起了科学家的关注[2]。但因为成分化学计量控制难、材料有缺陷以及工艺技术不成熟等问题，商用 CIGS 薄膜光伏组件的发展受到阻碍[1,2,6]。然而，因为原材料用一些更常见的元素取代或部分取代代贵金属（Ga 和 In），基于 CIGS 薄膜的太阳能电池及相关光伏材料（如 CGS 和 CIS）仍然被人看好。

砷化镓在所有光伏材料中保持着太阳能转换效率的最高纪录（实验室电池和组件分别为 28.8% 和 24.1%[7,8]），但其工业应用受到材料成本的限制，尤其是外延层的制备成本[9]。但是，使用低成本的沉积方法会引起晶体缺陷和杂质，进而降低设备效率[9]。

染料敏化太阳能电池是一种低成本的太阳能电池，具有许多具有吸引力的特点，如制造简单、半柔性和半透明性。然而，它们的转换效率仍远低于第二代薄膜电池，甚至还没有超过商用太阳能应用的盈利门槛（在模块级）。近年来发展迅速的有机 - 无机卤化物 - 钙钛矿电池具有成本低、效率高、结构简单等优点，成为未来第三代光伏材料的候选材料[10]。目前，稳定性是它们存在的主要问题。

热电材料在过去十年中发展迅猛，这在材料科学领域是一个特例。纳米技术的发展使热电材料的优值大幅提升，相应温差发电组件的效率增加了一倍以上[11]，最佳工作温度范围明显变宽（图 8.1）。目前商用温差发电组件的主要材料

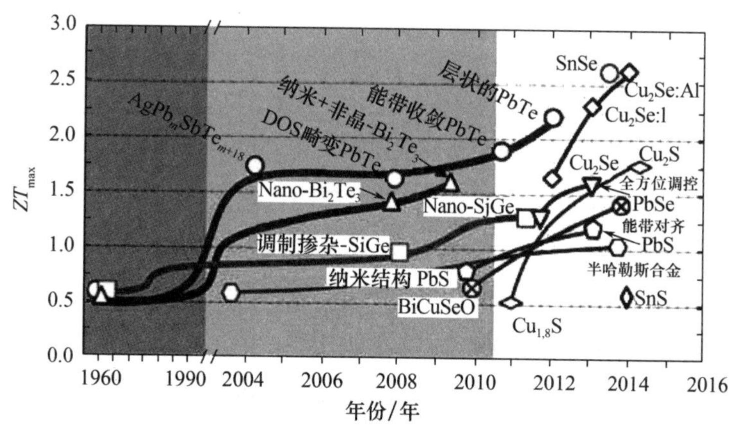

图 8.1　不同类别材料热电性能随时间的增长趋势

（经[12]许可转载）

仍然以碲化物为主，随着方钴矿[13]和黝铜矿材料[14]逐渐进入市场，TEG 热电转化的温度范围进一步扩大了。另外，热电材料的选择不仅取决于效率，还要考虑到原材料的储量、成本和无毒性。

8.3 技术挑战

材料问题不仅存在于太阳能系统中直接工作的两个部分，也存在于收集系统的制造过程中。例如，STEG 中如何抑制热电腿之间的热干扰就至关重要，而腿侧面如何保持较低发射率在复合太阳能发电机中也同样重要。同样，在光伏部分，有效的热镜限制了向上的热耗散，显著地提高了热电组件的总效率。此外，在 TEG 中起关键作用的低温端散热问题仍很严峻，需要新材料和先进的表面处理工艺。

即使材料和技术问题都已解决，在复合系统中还需要协调相互矛盾的温度要求，比如光伏组件服役温度越低转换效率越高，而匹配的热电系统则要求高温端的温度更高，低温段温度更低。这对设计方案提出了更高的要求。

第 6 章中已经说明，有机和无机光伏材料原则上都可以复合 TEG 开发复合太阳能转换器。

虽然有机光伏材料成本低且易于制备大面积组件，具有较好的应用前景，但目前这种材料在与热电组件复合时的光伏效率仍然太低，还没有竞争力。

无机光伏材料可能会为光伏和热电的复合利用提供更多机会。虽然硅基材料的光伏效率会因温度的升高而降低，但这种降低在很大程度上可以通过热电材料效率的提高得到缓解。此外，在与热电系统匹配时，宽带隙、低成本的光伏材料的性能对系统的高温不敏感。因此，a－Si 和 CZTS 基的聚光太阳能电池可能会像预期的那样更适合两种系统的复合，还可与性能较稳定的钙钛矿太阳能电池一起使用。

和材料相关的技术方面的难题仍有望在产业化初步实现后得以解决。目前已经制备并测试了复合太阳能发电机的实验室原型机。在投入规模化生产之前，需要评估复合太阳能发电机的经济价值，最终确定能实现盈利的规模和类型。

8.4 经济可持续性

8.4.1 温差发电器

与热力发动机相比，温差发电器的经济可持续性分析启动较早。20 世纪上半叶，在纳米技术出现之前 TEG 的 *ZT* 较低，只能作为其他电源的备用电源应用于民用领域[15]。1990 年之后，随着温差发电器效率的显著提高，各种各样的热能－电能转化方案也展开了竞争。Vining 于 2009 年发表在《自然材料》(*Nature Materials*)杂志上的相当著名的论文中提出,无论实际的 *ZT* 值是多少,TEG 在市场上都无法与传统的发电机(如 Rankine、Stirling 和 Otto 发电机)竞争,因为 TEG 的优点只是在相对较低的温度下将少量的热量转换为电能(图 8.2)。小型化似乎为 TEG 的发展提供了契机。在随后的几十年中,TEG 主要应用于汽车领域的废热利用[17]——最近人们又预言了小型化或集成化的 TEG 在物联网中的应用前景[18]。除此以外,TEG 由于不含震动部件和可靠性好,作为大电源也可以成为一种受欢迎的工业废热回收技术[20]。

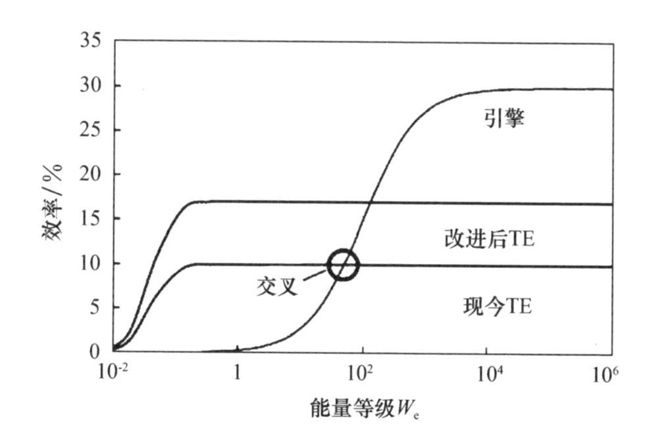

图 8.2　几种热机(包括 TEG)的效率与电功率输出的对比

(经[16]许可转载)

近年来,人们对 TEG 的经济可持续性进行了更深入的研究。Yazawa 和 Shakouri[21]提出了充分优化电路和热路的重要性。他们指出使用小填充因子 F(即热电腿横截面积和整体横截面积的比)有利于降低生产成本(每瓦)。较小的填充因子(0.03)可以保证薄膜发电机的使用,而且进一步降低了材料成本。假设热电材料成本与最先进的 Bi_2Te_3(约 500 美元/kg)持平,据计算,当支腿长度为最佳支腿长度即约 30 μm 时,预计 TEG 材料成本将从 $F=1$ 时的 10 000 美元/m^2 下降到$F=0.01$ 时的 1.34 美元/m^2,每瓦的成本估计为 0.1 美元。尽管整个分析都是基于理想接触假设(无损耗),忽略了附加热效应(即腿之间的热干扰),但它最终表明提升 TEG 主要竞争力的关键在于技术而非材料。

Yee[22]等人提出了一种不同的方法,他们把优化的重点放在了能源成本上。通过测量和优化 *ZT* 值寻找最低的系统成本,着力于研究利用较低的成本获得最高功率峰值,同时舍弃低功率峰值可能有较低成本的情况。此外,使用单位功率成本作为优化指标可以更简单地将 TEG 与其他热转换设备进行比较。当 TEG 以最大功率运行时,效率由式(2.43)给出。再忽略附加热效应和匹配热阻抗,不考虑操作、维护和密封成本,可以估算组件运行一晚上的成本。模块体积成本C'''(美元/m^3)与

模块面积成本 C''(美元/m^2)以及热交换器成本 C_{HX}(美元/(W·K^{-1}))相结合,TEG的总成本 C_{TEG} 可以表示为

$$C_{TEG} = (C'''L + C'')SF + C_{HX}US \tag{8.1}$$

式中,S 为交换面积;L 为支腿长度;U 为传热系数。

输出功率 P_{TEG} 表示为

$$P_{TEG} = \frac{\alpha_{pn}^2 \sigma \Delta T^2}{16} \frac{L}{[2(\kappa F/U) + L]^2} \tag{8.2}$$

单位功率的成本表示为

$$\chi_{TEG}(L,F) = \frac{16}{\alpha_{pn}^2 \sigma \Delta T^2}\left(2\frac{\kappa F}{LU} + 1\right)^2\left(C''' L^2 + C''L + \frac{C_{HX}UL}{F}\right) \tag{8.3}$$

式中,κ 和 σ 是支腿组件的导热系数和电导率(假设 p 和 n 热电腿相同);$\alpha_{pn} \equiv \alpha_p - \alpha_n$;$\Delta T$ 是两个储热器之间的温差。

由式(8.3)可知,F 和 UL/κ 不能同时达到最小值。但由于成本和热电性能之间存在着不协调关系,χ_{TEG} 在 $F = UL/(2\kappa)$ 时达到最小值。对于较小的 L(在恒定的 F 下),材料成本随着整个装置的温度下降而降低,因此功率输出也会降低。此外,有一个特征点值得注意:

$$\begin{cases} L = \sqrt{\dfrac{C_{HX}\kappa}{C'''}} \\ F = \dfrac{U}{2}\sqrt{\dfrac{C_{HX}}{C'''\kappa}} \end{cases}$$

L 和 F 低于这个值时,对 χ_{teg} 只有微弱影响。利用 C''、C''' 和 C_{HX} 的给定值,我们得到了 60 美元/W 左右的最佳 χ_{TEG},这里包括了换热器产生的巨大成本(约 1 800 美元/m^2)。

对比复合太阳能发电机,不考虑热交换器成本时,式(8.3)可简化为

$$\chi_{TEG}^*(L,F) = \frac{16}{\alpha_{pn}^2 \sigma \Delta T^2}\left(2\frac{\kappa F}{LU} + 1\right)^2 (C'''L^2 + C''L) \tag{8.4}$$

而且,不再存在最低成本特征点或特征线。然而可以看到,对于小于热阻抗匹配值 $2F\kappa/U$ 的支腿长度 L,可以实现较低的 χ_{TEG}^*。不同的是,对于在非优化条件下运行的 TEG,由于较低的材料成本过度补偿了降低功率输出,因此会获得更低的能源成本。

8.4.2 光伏电池和组件

标准经济参数决定了光伏电池和组件的可负担性和可持续性,包括总资本成本、电力成本和投资回收周期(Payback Period,PBP)。

目前,硬件成本一般占整个光伏系统成本的 40%~60%。在过去的十年里,该成本发生了显著的变化。2013 年,一个功率为 10 kW 系统的成本约为

1 900 美元/kW_p，100 kW 系统的成本可减小到 1 650 美元/kW_p。2009 年，数据显示 1 kW 系统的成本约为 4 150～6 000 美元/kW_p，其余一半的资本成本包括逆变器、光伏阵列支撑结构、电缆、设备（统称为系统平衡（Blance - of - System，BOS））和系统的安装。显然，在不同的地方安装，操作系统和生产成本存在较大的差异[23]。

图 8.3 显示了自 2010 年起资本成本的统计分析及其趋势。如 1.1.2 小节所述，光伏的成本结构给光伏材料最低效率设定了阈值，这与材料成本无关。预计模块级的效率阈值为 10%（电池级为 12%）。

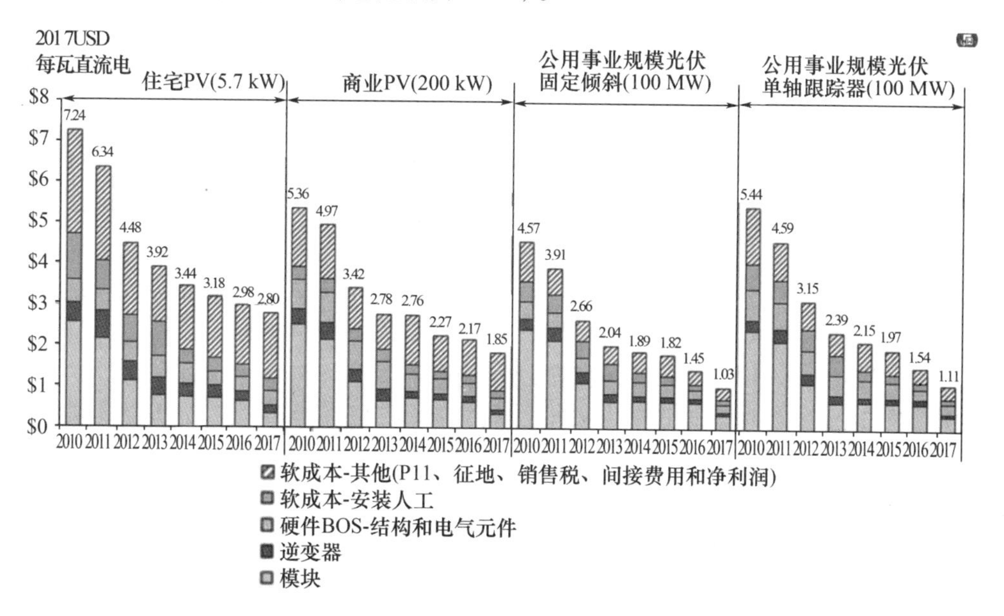

图 8.3　按用户类别（电力容量）划分的光伏系统总成本和成本结构趋势

（转载自[24]）

收回投资成本所需的时间是光伏电池可负担性的另一个指标。PBP 不应与能量回收期（Energy Payback Period，EPBP）概念混淆。EPBP 计算的是生产出建造光伏系统所耗的能量的时间段[25]。以 5 000 美元/kW_p的资本成本和 0.10 美元/kW_p的初始电价，一个 23 kW_p的家庭系统能够在 20 年内收回成本，大型发电厂的情况也很类似。但与光伏组件 25 年的预期和逆变器 5 年的预期寿命相比，这仍然是可以接受的。由于贴现、税收减免或太阳能可再生能源认证，PBP 大幅下降，通常约为一年[26]。

8.4.3 复合太阳能收集系统

全面分析太阳能复合发电机的运行成本是一项非常复杂的工作，原因至少有四个。其一，光伏系统和热电系统相结合的解决方案多种多样，包括直接热接触、集热、太阳能分光方案和许多中间步骤的解决方案。其二,如第5、6章提到的,复合太阳能发电机的功率输出关键取决于构造过程几个小细节。这在STEG中以实验方式证明,通过非常精确地最小化发电机中的热分路,可以将输出功率提高3倍[27]。这意味着,任何基于计算模拟的经济评估结果都过于乐观,尤其是太阳能复合发电技术尚未成熟。其三,对光伏系统来讲,很难将现有光伏技术的成本与基于新材料的完全不同的技术的成本进行比较[28],这增加了对基于尚未应用的光伏材料的光伏组件成本的不确定性。对TEG来说更是如此。现在TEG市场仍然局限于Bi_2Te_3系统,该系统的分布不一定适合太阳能的收集[29]。最后,成本分析不应局限于资本成本和回收周期,还应充分分析收集系统整个生命周期的成本和需处置的额外成本。无论考虑哪种复合形式,额外成本都是HTEPV发电机复杂结构难以量化的部分。

上述这些都表明,仅仅因为太阳能转换效率更大就认为HTEPV是合适的技术难以令人接受,这也促使人们在过去几年中不断对HTEPV单位功率输出的成本进行估算。

Van Sark在2011年首次尝试对HTEPV经济可持续性进行评估[30]。他采用一个非常简单(直接)的复合方案,根据光伏电池和商用热电模块耗散的总热通量计算出TEG覆盖的光伏电池面积的比例应在1/3和1/5之间。假设复合动力模块最大可接受的价格增长为热电模块的额外输出功率(≈10%),对于以3美元/W(450美元/m^2)为基准价格且电力效率为15%的光伏模块,热电系统可承受光伏组件最大成本为45美元/m^2,即每平方米热电组件135~225美元。这比当前的TEG的价格(1~2美元/cm^2)低一个数量级以上。Van Sark的结果表明,经济的太阳能复合发电机不仅需要高性能的TEG,还需要售价上大幅降低。

Van Sark的分析在许多方面都是例外情况。比如,他混淆了价格和成本两个概念,实际中用价格取代了成本。价格由需求和产量驱动,受市场波动影响。这一点在硅基光伏材料价格的变化历史中表现明显[31]。

最近,Zhu等人提出了太阳能复合发电机经济上可行的替代方案[32]。限制能源成本χ_{htepv}(美元/W)为

$$\chi_{HTEPV}=\frac{\chi_{PV}\eta_{PV}GS_{PV}+C''_{TEG}S_{TEG}+C''_{SSA}S_{SSA}}{\eta_{PV}GS_{PV}+\eta_{TE}\left[GS_{SSA}+(1-\eta_{PV})GS_{PV}\right]} \tag{8.5}$$

式中,S_{PV}、S_{TEG}和S_{SSA}分别是光伏、TEG和太阳能选择性吸收材料(SSA)的面积;χ_{PV}是光伏电池的产出成本(美元/W);C''_{SSA}和C''_{TEG}分别是SSA和TEG的单位面积成本;G是太阳能输入功率密度;η_{PV}和η_{TE}分别是光伏和TEG的效率。

当总输出功率超过用户需求的最小输出功率且$\chi_{HTEPV}\leqslant\chi_{PV}$时,复合系统就具备盈利能力。遗憾的是,在Zhu等人的分析中光伏和热电的假想效率(分别为10%和3%)低得不切实际,并且完全忽略了生产成本,而生产成本决定了任一光伏材料效率阈值(见第1章)。此外,光伏效率在该分析中被视为常数,且不依赖

于复合程度(随之减少),这种假设限制了对理想太阳能分光方案进行成本分析的合理性。基于这些局限,该模型根据最小输出功率得出 HTEPV 发电机在成本上对大型 S_{PV} 和 S_{SSA} 是可行的(图 8.4),具有可扩展的盈利空间(图 8.4 中成本线以上的区域)。

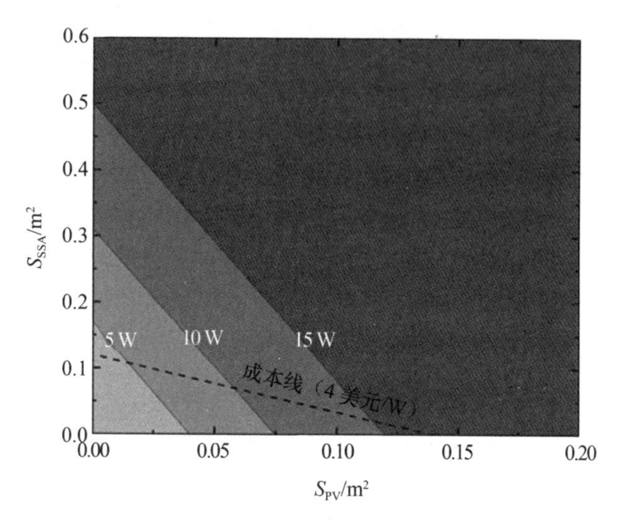

图 8.4　根据 Zhu 等人的研究显示 HTEPV 发电机的盈利空间,TEG 和 PV 效率分别为于 3% 和 10%,而太阳能密度设置为 1 000 W/m²

(据[32]许可改编)

要对功率成本进行更为合理的初步估算,应该将 HTEPV 发电机成本分成四部分:①固定成本(BOS),C_{BOS},与系统大小基本无关;②光伏电池的成本,通过单一光伏输出功率进行计算,$C_{PV}=\chi_{PV}\eta_{PV}(c_{conc}G)S$,其中 c_{conc} 是聚光太阳能电池中的聚光度;③根据式(8.3)或式(8.4)计算的 TEG 部分的成本 C_{TEG};④选择性太阳能吸收材料的成本 $C''_{SSA}=c_{SSA}S_{SSA}$。

相反,输出功率可以恰当地写为 $P_{HTEPV}=\eta_{HTEPV}(C_{cocc}G)S$(图 5.5),其中,$\eta_{HTEPV}$ 包含了光伏效率随温度升高而降低以及由于热电部分而产生的额外输出功率。因此,功率成本(美元/W)为

$$\chi_{XTEPV}\equiv\frac{C_{BOS}+\chi_{PV}\eta_{PV}c_{conc}GS+C_{TEG}+C''_{SSA}S_{SSA}}{\eta_{HEEPV}C_{conc}GS}\tag{8.6}$$

相应的单一光伏电池的产出成本为

$$\chi_{PV}\equiv\frac{C_{BOS}+\chi_{PV}\eta_{PV}c_{conc}GS}{\eta_{PV}c_{conc}GS}\tag{8.7}$$

因此复合系统的复合系数 h 定义为

$$h\equiv\frac{\chi_{HTEPV}}{\chi_{PV}}=\left(1+\frac{C_{TEG}+C'''_{SSA}S_{SSA}}{C_{BOS}+\chi_{PV}\eta_{PV}c_{conc}GS}\right)\times\frac{1}{\eta_{HTEPV}/\eta_{PV}}\tag{8.8}$$

基于盈利的需要,显然要求 $h<1$。

对于非聚光组件($c_{conc}=1$),由于标准光伏组件通常不需要散热装置,因此 C_{TEG} 必须考虑换热器成本式(8.3)。因此,取 $S_{SSA}=S_{TEG}=S$,得到

$$h_{non-conc}=\left(1+\frac{(C'''L+C'')F+C_{HX}U+C''_{SSA}}{C_{BOS}/S+\chi_{PV}\eta_{PV}G}\right)\times\frac{1}{\eta_{HTEPV}/\eta_{PV}} \tag{8.9}$$

正如预期的那样,热交换器的成本是主要因素。复合发电机仅对小规模生产有利,h 对填充因子不敏感(图 8.5),因此,输出功率非常有限,不超过 20 W_p。

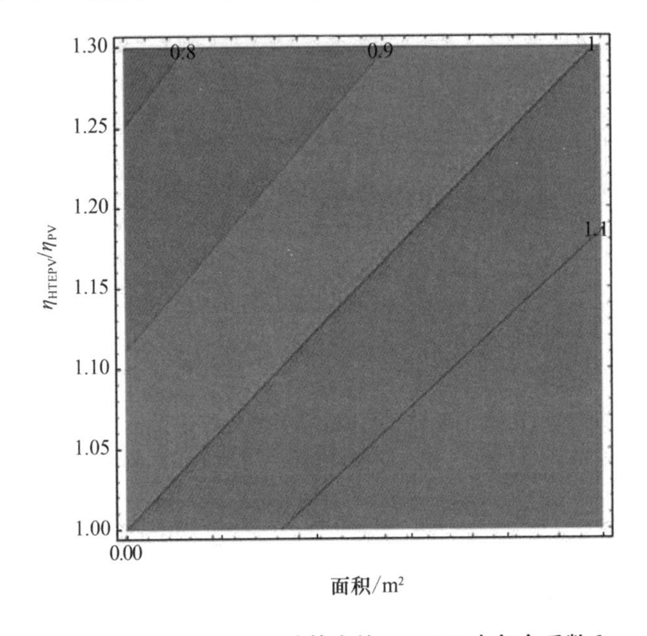

图 8.5　根据式(8.9)计算出的 HTEPV 中复合系数 h

(当 $h<1$ 时出现盈利。成本据[22,32],$C'''=0.89$ 美元/cm³,$C''=0.017$ 美元/cm²,$C_{HX}=18.48$ 美元/(W·K⁻¹),$U=100\ \mathrm{W\cdot m^{-2}\cdot K^{-1}}$,$C_{BOS}=7\ 000$ 美元,$C''_{SSA}=0.001$ 美元/cm²,$\chi_{PV}=5$ 美元/W,$\eta_{PV}=15\%$,$G=1\ 000\ \mathrm{W/m^2}$,$L=0.1$ cm)

相反,在聚光组件中,因为换热器已经是光伏组件的一部分,所以复合发电机不需要另外计算换热器成本。因此,C_{TEG} 用以下定义式替换:

$$h_{conc}=\left(1+\frac{(C'''L+C'')F+C_{HX}U+C''_{SSA}}{C_{BOS}/S+\chi_{PV}\eta_{PV}c_{conc}G}\right)\times\frac{1}{\eta_{HTEPV}/\eta_{PV}} \tag{8.10}$$

由此,盈利能力得到了很大的提高,即使处于中等聚光度($C_{ccnc}=10$)的几平方米的模块也可盈利(图 8.6)。在此基础上,无论聚光度怎样进一步提高,所有模块区域的综合优值均低于 1,而填充因子会进一步提高复合系统的盈利能力。

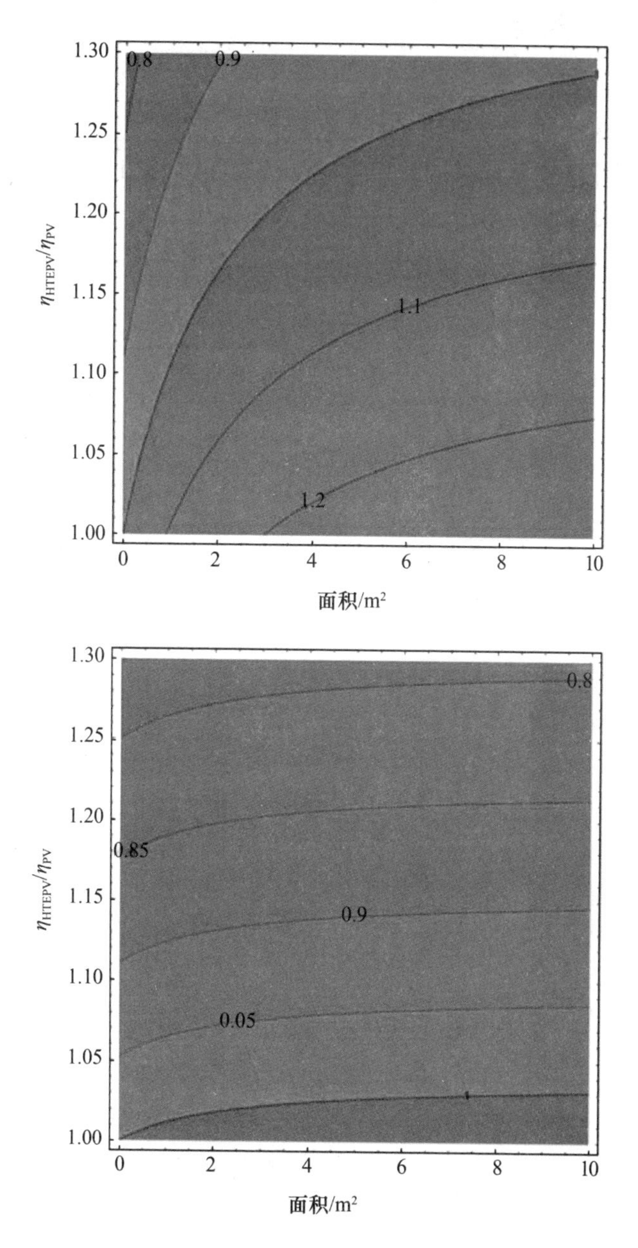

图8.6 根据式(8.10)计算出的当聚光度为10个太阳且填充因子为1(顶层)和0.1(底部)时HTEPV中复合系数h

(当$h<1$时出现盈利。成本据[22,32],$C'''=0.89$美元/cm³,$C''=0.017$美元/cm²,$C_{HX}=18.48$美元/(W·K⁻¹),$U=100\ W\cdot m^{-2}\cdot K^{-1}$,$C_{BOS}=7\ 000$美元,$C''_{SSA}=0.001$美元/cm²,$\chi_{PV}=5$美元/W,$\eta_{PV}=15\%$,$G=1\ 000\ W/m^2$,$L=0.1$ cm)

8.4.4 成本回收周期

如前所述,由于受到税收和其他福利的支持,目前成本回收周期已经大大缩短。民用和工业太阳能发电厂真正的成本回收周期预计为20年左右。太阳能复合型收集系统的成本回收周期的长短与 h 以及HTEPV与PV资本成本的比有关,而聚光太阳能电池中的成本回收周期最多增加也不到5%。由于一般认为TEG具有非常长的寿命且长于太阳能电池,即使在没有税收优惠的情况下,复合系统的成本回收周期仍然可以接受。

8.5 本章小结

热电和光伏发电机的复合在经济方面显示出积极的一面,这为复合系统在当前及未来的发展提供了可能,并进一步推动了设备及材料层面的研究工作向开发太阳能复合收集系统方向发展。一方面,效率更高、成本更低的热电材料有利于提高聚光太阳能电池的盈利能力,同时促进新型宽带隙光伏材料(或如a-Si或 Cu_2O 等已有材料的新利用)的引入。为有效实施复合技术,材料研究工作得到加强,这在一定程度上满足了标准的光伏技术的需求(例如,更有效的热镜),同时部分涵盖了与常见热电组件的相关的问题(例如,降低发射率以最小化热电腿的热串扰)。除此之外,提高热电转换效率,需要大力支持光伏和热电之间(最终扩展到三重联产技术)智能化和创造性的综合应用策略研究,比如温差发电器的布局。

然而,通过精心选择光伏材料还是有希望使目前的HTEPV发电机在开发更高效的可再生能源方面发挥显著作用的。最后一个悬而未决的问题可能是太阳能复合收集系统将在何时以何种方式进入工业化生产阶段。聚光光伏部分是一个重要方面,可能会推动新型太阳能技术的研究和开发从实验室走向实际应用,通过应对未来市场的各种风险挑战推动太阳能复合收集系统走向工业生产。

参考文献

[1] Energy Initiative Massachusetts Institute of Technology, *The future of solar energy - an interdisciplinary mit study*. Technical Report. Accessed 2015

[2] J. Kilner, S. Skinner, S. Irvine, P. Edwards, *Functional Materials For Sustainable Energy Applications* (Woodhead Publishing Limited, 2012)

[3] J. Peng, L. Lu, H. Yang, Renew. Sustain. Energy Rev. 19, 255 (2013)

[4] M. M. de Wild - Scholten, Sol. Energy Mater. Sol. Cells 119, 296 (2013)

[5] Fraunhofer ISE, Photovoltaics report. Technical Report (2014)

[6] J. Jean, P. R. Brown, R. L. Jaffe, T. Buonassisi, V. Bulović, Energy Environ.

Sci. 8(4), 1200 (2015)
[7] L. Kazmerski, *Best research cell efficiencies*. Technical Report. Accessed 2010
[8] M. A. Green, K. Emery, Y. Hishikawa, W. Warta, E. D. Dunlop, Prog. Photovoltaics Res. Appl. 23(1), 1 (2014)
[9] R. Miles, K. Hynes, I. Forbes, Prog. Cryst. Growth Charact. Mater. 51(1-3), 1 (2005)
[10] J. Berry, T. Buonassisi, D. A. Egger, G. Hodes, L. Kronik, Y. L. Loo, I. Lubomirsky, S. R. Marder, Y. Mastai, J. S. Miller, D. B. Mitzi, Y. Paz, A. M. Rappe, I. Riess, B. Rybtchinski, O. Stafsudd, V. Stevanovic, M. F. Toney, D. Zitoun, A. Kahn, D. Ginley, D. Cahen, Adv. Mater. 27(35), 5102 (2015)
[11] J. He, T. M. Tritt, Science 357(6358) (2017)
[12] X. Zhang, L. D. Zhao, J. Materiomics 1(2), 92 (2015). https://doi.org/10.1016/j.jmat.2015.01.001, http://www.sciencedirect.com/science/article/pii/S2352847815000258
[13] G. Rogl, P. Rogl, Curr. Opin. Green Sustain. Chem. (2017)
[14] X. Lu, D. T. Morelli, in *Materials Aspect of Thermoelectricity*, ed. by C. Uher (CRC Press, 2016), p. 473
[15] M. Rubinstein, Energy Convers. 9(4), 123IN1127 (1969)
[16] C. B. Vining, Nat. Mater. 8(2), 83 (2009)
[17] J. Yang, F. R. Stabler, J. Electron. Mater. 38(7), 1245 (2009)
[18] M. Strasser, R. Aigner, C. Lauterbach, T. Sturm, M. Franosch, G. Wachutka, Sens. Actuators A Phys. 114(2), 362 (2004)
[19] H. Jayakumar, K. Lee, W. S. Lee, A. Raha, Y. Kim, V. Raghunathan, in *Proceedings of the* 2014 *International Symposium on Low Power Electronics and Design* (ACM, *2014*), pp. 375-380
[20] Alphabet Energy. Alphabet energy's thermoelectric advances. http://www.alphabetenergy.com/thermoelectric-advances/
[21] K. Yazawa, A. Shakouri, Environ. Sci. Technol. 45(17), 7548 (2011)
[22] S. K. Yee, S. LeBlanc, K. E. Goodson, C. Dames, Energy Environ. Sci. 6, 2561 (2013)
[23] https://www.solarwirtschaft.de
[24] R. Fu, D. J. Feldman, R. M. Margolis, M. A. Woodhouse, K. B. Ardani, US solar photovoltaic system cost benchmark: Q1 2017 Technical Report. National Renewable Energy Laboratory (NREL), Golden, CO (United States) (2017)
[25] V. Fthenakis, E. Alsema, Prog. Photovoltaics Res. Appl. 14(3), 275 (2006)

[26] http://pvwatts.nrel.gov/

[27] D. Kraemer, Q. Jie, K. McEnaney, F. Cao, W. Liu, L. A. Weinstein, J. Loomis, Z. Ren, G. Chen, Nat. Energy 1, 16153 (2016)

[28] P. A. Basore, IEEE J. Photovoltaics 4(6), 1477 (2014)

[29] D. Narducci, B. Lorenzi, in *2015 IEEE 15th International Conference on Nanotechnology (IEEE-NANO)* (IEEE, 2015), pp. 196-199

[30] W. Van Sark, Appl. Energy 88(8), 2785 (2011)

[31] D. Feldman, *Photovoltaic (PV) pricing trends: historical, recent, and near-term projections*. Technical Report (2014). https://escholarship.org/uc/item/06b4h95q

[32] W. Zhu, Y. Deng, Y. Wang, S. Shen, R. Gulfam, Energy 100(Supplement C), 91 (2016)